海洋科技出版工程

海洋结构物波浪水动力学
基本理论与时域数值方法

李志富　石玉云　著

U0284541

哈尔滨工程大学出版社
Harbin Engineering University Press

内 容 简 介

本书基于势流理论,利用边界元法,主要介绍三维时域水动力计算分析方法,目的在于提高三维时域自由面 Green 函数法、三维时域 Rankine 源法、三维时域 Rankine – Green 混合源法的精度与稳定性,并对三种算法各自的特点与适用性进行了分析,使读者能由浅入深地逐渐掌握船舶与海洋结构物时域水动力问题研究的基本思路和方法。

本书适合船舶与海洋工程水动力学人员阅读,也可作为土木水利工程人员自学与工作的参考用书。

图书在版编目(CIP)数据

海洋结构物波浪水动力学基本理论与时域数值方法/李志富,石玉云著. —哈尔滨:哈尔滨工程大学出版社,2022.9
ISBN 978 – 7 – 5661 – 3667 – 1

Ⅰ. ①海… Ⅱ. ①李… ②石… Ⅲ. ①海洋沉积物 – 波浪 – 水动力学 Ⅳ. ①P736.21

中国版本图书馆 CIP 数据核字(2020)第 156781 号

海洋结构物波浪水动力学基本理论与时域数值方法
HAIYANG JIEGOUWU BOLANG SHUIDONGLIXUE JIBEN LILUN YU SHIYU SHUZHI FANGFA

选题策划	夏飞洋
责任编辑	张 彦 王雨石
封面设计	李海波

出版发行	哈尔滨工程大学出版社
社　　址	哈尔滨市南岗区南通大街 145 号
邮政编码	150001
发行电话	0451 – 82519328
传　　真	0451 – 82519699
经　　销	新华书店
印　　刷	黑龙江天宇印务有限公司
开　　本	787 mm × 960 mm 1/16
印　　张	11.5
字　　数	225 千字
版　　次	2022 年 9 月第 1 版
印　　次	2022 年 9 月第 1 次印刷
定　　价	49.80 元

http://www.hrbeupress.com
E-mail:heupress@ hrbeu.edu.cn

前　　言

随着船舶向大型化和高速化发展,当前急需开发出一种有效的水动力数值仿真方法,以对中高速排水型船舶进行合理的运动和载荷响应预报,从而为船舶的安全性评估提供参考。借助于计算机的快速发展,近年来三维时域势流理论逐渐被应用于完成这项工作。但是现有的时域计算方法在求解中高速排水型船舶的运动和载荷响应问题时,在计算精度及稳定性方面仍有一些问题需要解决。

本书主要目的在于提高现有时域波浪载荷计算方法的精度和稳定性,包括时域自由面 Green 函数法、时域 Rankine 源法、时域 Rankine - Green 混合源法,并对各自方法的特点和适用性进行分析,进而开发一种有效的运动和载荷响应数值预报工具。基于此,本书主要开展了如下研究工作。

对船体曲面外形的数学表达及二次高阶曲面网格的生成方法进行了研究。为准确描述船体的外壳几何特征,本书综合应用 B - spline 曲线、曲面进行了船体几何外形的数学表达,并实现了船体高阶曲面网格的自动划分。此外,通过有限插值算法实现了矩形贴体自由面高阶网格的自动划分,并引入了网格疏密控制参数,通过求解非齐次泊松方程实现了 Oval 形贴体自由面高阶网格的自动划分,并通过非齐次参数的设置可以方便地控制网格疏密分布。

对应用时域自由面 Green 函数的相关计算方法进行了深入研究及完善。本书在大地坐标系下推导了流体速度势所应满足的初、边值条件,并建立了流体扰动速度势应满足的边界积分方程。为准确求解流场中任意一点的压力,本书引入了流体加速度势,并推导了其所应满足的场方程和初、边值条件。为提高 Green 函数的计算效率,本书提出了一种基于 RAM 的九节点形函数制表插值策略。为高效、准确求解流体速度势、加速度势,本书采用了八节点二次高阶曲面元进行了边界积分方程的数值离散求解。通过对半球、Wigley RT 型船、Wigley I 型船的数值模拟,验证了该方法在直壁型船舶求解中的有效性。

对应用时域 Rankine 源的相关计算方法进行了深入研究及完善。为了在随船平动坐标系下构建扰动速度势的边界积分方程,本书推导了随船平动坐标系下扰动速度势应满足的初、边值条件。为了提高计算的稳定性,本书采用了矩形自由面截断形状,并通过双方向差分法实现了自由面上速度势及波面升高偏导数的求解。为分离浮体运动方程的右端船体加速度项,本书引入了与频率无关的附加质量。此外,为了实现数值模拟的稳定步进,本书引入了三点低通滤波。为了求解自由面上速度势的法向导数和物面速度势,本书采用了八节点高阶曲面元实现了边界积分方程的数值离散求解。通过对半球、Wigley RT 型船、Wigley I 型船、S - 175 集装箱船的数值模拟,验证了该方法在直壁型和外飘型船舶求解中的有效性。

进一步对应用时域 Rankine - Green 混合源的相关计算方法进行了深入研究及完善。通过引入一形状任意的虚拟控制面,将流体域分割为内部流体域和外部流体域。在内部流体域应用 Rankine 源作为积分核构建速度势的边界积分方程,从而适用于外飘型船舶运动和载荷响应的求解。在外部流体域应用时域自由面 Green 函数作为积分核,对船体几何形状不同,但是控制面形状相同的情况仅需进行自由面 Green 函数的一次求解,提高了计算效率。通过采用八节点二次曲面元进行边界积分方程的离散,保证了速度势在不同类型边界交界处的连续性。通过采用积分形式的自由表面条件,提高了自由面速度势求解的稳定性。此外,本书提出了一种基于 B - spline 样条函数的速度势插值求导算法,从而使所开发的算法能够适用于船舶艏艉处水线变化较大的船舶运动和载荷响应求解。通过对半球、Wigley RT 型船、Wigley I 型船、S - 175 集装箱的数值模拟,验证了该方法在直壁型和外飘型船舶求解中的有效性。

最后对时域自由面 Green 函数法、时域 Rankine 源法、时域 Rankine - Green 混合源法各自的特点和适用性进行了分析,并最终以时域 Rankine - Green 混合源法为基础,开发了一套能够初步用于中高速排水型船舶运动和载荷响应数值模拟的计算机程序。通过不同航速下 DTMB5512 型船舶运动响应数值解与试验值的对比,验证了所开发程序的工程实用性,进而利用该程序对一艘高速水面舰船的一号设计方案进行了规则波和不规则波中的运动和载荷响应数值模拟,从而为设计方案的选型提供了参考。

由于水平有限,书中难免有不妥和疏漏之处,恳请读者给予批评指正。

著　者

2019 年于哈尔滨

目　　录

第 1 章 绪 论

1.1 本书研究工作的目的和意义

近些年来,随着社会的进步,船舶航运业快速发展,沿海客运、大宗货物远洋运输等需求不断提高。与此同时,人们为了提高船舶的营运效率、降低营运成本,使得船舶逐渐朝着大型化、高速化的方向发展,这就对船舶的航行安全性提出了更高的要求。

对于波浪中航行船舶的运动和载荷响应预报,当前主要采用的方法有实型试验、模型试验和理论数值预报。实型试验由于没有引入额外的近似,因此其是运动和载荷响应预报的最理想手段。但是由于实型试验实施代价昂贵,且很难寻找到一个与预先设定的海况参数完全一致的海域,因此很多设计人员在进行船舶的初始设计阶段都采用水池模型试验方法进行运动和载荷响应的评估。相比于实型试验,水池模型试验不仅可以在预先设定好的工况中进行测量,而且也可以节省一定的人力和物力。但是受到模型缩尺比和试验配套设施的影响,在进行模型测量值和实船之间的换算时存在着一些不确定因素的影响,比如水池岸壁的干扰、船舶缩尺模型的加工等。近些年来,随着计算机性能的快速提高,越来越多的设计人员倾向于利用数值模拟手段来对船舶的初始设计方案进行运动和载荷响应评估。因为相比于实型试验和水池模型试验,理论数值预报不仅不需要耗费大量的人力和物力,而且还不会受到外界不确定因素的干扰。因此,一种比较经济、有效的预报手段是采用数值预报和模型试验相结合的方法,即利用数值预报手段对船舶所有航行工况进行模拟,然后针对船体运动和载荷响应比较大的工况进行模型试验,以更为准确地考虑一些强非线性因素的影响,比如艏部砰击、甲板上浪、船体湿表面大幅变化等。

借助于计算机内存量和运行速度的快速提升,近些年来数值预报手段被越来越多地应用于船舶运动和载荷响应预报。然而需要强调的是运动和载荷响应数值预报工具的开发都离不开相关水动力计算方法的发展。尽管目前数值预报手段已经得到了一定程度的应用,但是对于航行船舶的数值预报工作,仍有很多水动力问题需要解决,特别是中高速航行船舶的运动和载荷响应数值预报。此处排水型船舶的类型主要根据弗劳德数进行划分[1],即根据弗劳德数的不同,将排水型船舶分为低速船($Fr<0.20$)、中速船($0.20<Fr<0.30$)和高速船($Fr>0.30$)。船舶在波浪中航行时所遭受的波浪激励力主要来源于两个方面,一个是从无穷远处传播而来的入射波浪,另一个是船舶在波浪中航行时产生的扰动兴波。当船舶航行速度较低时,可以采用基于"高频低速"假定的理论进行船舶运动和载荷响应的合理预报。但是对于中高速排水型船舶的数值预报,由于船舶兴波流场的复杂性(图 1.1),至今为止该问题仍没有得到很好的解决。为此,近半个多世纪以来,诸多研究学者都致力于完善和发展中高速排水型船舶在波浪中的运动和载荷响应预报方法。

图 1.1　中高速船舶兴波流场

为了使中高速船舶的运动和载荷响应计算能够在一般的计算机上进行,以流体无黏、无旋、不可压缩为基本假定的势流理论被广泛采用。相比于频域势流理论,时域势流理论不仅可以实时预报船舶在预定海况中的运动和载荷响应,还可以计入一些瞬态载荷的影响,比如军舰在航行过程中进行导弹发射、舰船上的交变移动载荷等。然而,现有的时域计算方法,包括时域自由面 Green 函数法、时域 Rankine 源法、时域 Rankine - Green 混合源法(也有的学者称之为时域匹配法),在求解中高速排水型船舶的运动和载荷响应问题时,计算精度及稳定性方面仍存在一些问题,还有大量的研究工作亟待进行。比如时域自由面 Green 函数法在求解外飘型船舶的运动和载荷响应问题时会出现数值发散现象,时域自由面 Green 函数的计算效率仍有待进一步提高,伯努利方程中速度势时间偏导数项的数值计算精度仍需进一步改进等;时域 Rankine 源法在求解中高速船舶在不规则波中的运动和载荷响应问题时,需要很大的自由面截断域以避免外传波浪的反射等;时域 Rankine - Green 混合源法在求解中高速船舶的运动和载荷响应问题时,自由面条件时间步进的稳定性仍需进一步提高,不同边界交界处速度势的连续性仍需进一步改善等。

综上,本书的目的一方面在于提高当前基于三维时域势流理论数值模型的计算精度以及数值稳定性,包括时域自由面 Green 函数法、时域 Rankine 源法、时域 Rankine - Green 混合源法,以合理地考虑中高速航行船舶航速效应,并通过数值算例和理论分析对各自方法的适用性和特点进行探讨;另一方面旨在开发出一套能够合理地预报中高速排水型船舶运动和载荷响应的水动力数值仿真程序,从而为我国在中高速排水型船舶设计中的运动和载荷响应评估提供技术支撑。由此可见,本书的研究工作不仅具有较高的理论意义,同时具有较高的工程实用价值。

1.2　课题的国内外研究现状

经过几十年的发展,船舶波浪载荷计算方法已经出现了许多分支,从基于势流理论基本假定的速度势求解,到直接求解三维 Navier - Stokes 方程。本书将波浪载荷背景研究限制在求解船舶航速问题的相关方法上,并将主要的研究工作放在基于流体无黏、流动无旋、流体不可压缩、密度为常量简化条件下的势流理论上,包括二维波浪载荷计算方法、三维频域波浪载荷计算方法、三维时域波浪载荷计算方法以及时域 Rankine - Green 混合源波浪载荷计算方法。此外还对数值离散求解边界积分方程的算法做了简要介绍,包括常数面元法、多节点曲面元法、B - spline 面元法。

1.2.1　波浪载荷计算方法概述

对于一般的三维不可压缩、密度为常量的流体,其控制方程为一个连续性方程和三个 Navier - Stokes 方程,为了得到对应问题的唯一解,还应给出相应流体域的边界条件和初始条件。通过求解此四个相互耦合的全非线性偏微分方程,便可以得到对应流场中任意一点的压力和相应的流体速度矢量,进而得到船体的运动响应和剖面载荷响应。当前已经有一些较为成熟的数值算法可以直接求解相应的 Navier - Stokes 方程,比如有限体积法[2]、有限元法[3]、无网格

SPH 方法[4]。

直接求解三维全非线性 Navier – Stokes 方程,由于计算量巨大,通常需要占用很长的 CPU 时间和计算机内存。因此,为了使舰船波浪载荷模拟能够在一般的计算机上进行,需要进一步引入合理的假定。黏性的影响对于边界层内的流动至关重要,然而对于船舶这样的大尺度物体,其边界层的厚度和船舶的特征尺度相比为高阶小量,故对于舰船整体的载荷响应可以忽略流体黏性的影响[5]。此外,涡量定理给出无黏、密度为常量的流体,若初始时刻无旋,则在以后的任意时刻流场无旋,故对于波浪中航行船舶流场问题的求解,引入流体无旋的假定是合理的[6]。无旋必有势,由此可以引入速度势的概念,将速度势代入连续性方程便可以得到速度势的控制方程,即拉普拉斯方程[7]。通过对欧拉方程积分便可以得到相应的伯努利方程[8],该方程只与速度势的时间偏导数和梯度相关。至此可知,在流体无黏、无旋、不可压缩、密度为常量和流动无旋的假定下,求解波浪中航行船舶的波浪载荷问题最终归结为求解流场速度势的问题。通过引入势流的基本假定,将原本的四个相互耦合的全非线性偏微分方程最终化简为了一个关于速度势的线性偏微分方程,极大地简化了问题的求解。

为了得到拉普拉斯方程的唯一解,还需要给出相应流场的边界条件和初始条件,包括物面边界条件、自由面边界条件、底部边界条件和远方辐射条件[9]。通过奇异摄动法[10],便可以得到相应的线性解和非线性解。对于拉普拉斯方程的求解,一般可以采用有限元方法和有限差分法等。此外,通过 Green 定理[11]还可以将速度势的求解问题最终转化为边界积分方程的求解,极大地减少了该问题的未知数,从而深受广大学者的认可。为进一步简化问题的求解,还可以忽略形体的三维效应,从而将原有的问题转化为二维问题进行求解。

1.2.2　二维频、时域波浪载荷计算方法综述

当船舶的型宽和吃水与船长相比为小量时,船体可以近似为细长体。尽管细长体理论早在 1924 年就被 Munk[12]提出来了,但是直到 20 世纪 50 年代才被应用于船舶的水动力问题求解。Joosen[13]应用长波近似,采用细长体理论求解了波浪中航行船舶的非定常运动响应。与长波近似相对,Ogilvie[14]通过引入短波假定,采用切片法求解了船舶的垂荡和纵摇水动力系数。由于切片法采用的是短波假定,而细长体理论采用的是长波假定,因此二者适用的频率范围有限。为了提高二维方法的适用范围,Newman[15]发明了统一切片法。

为进一步考虑非线性的影响,Fonseca 和 Guedes Soares[16]应用切片法在时域内求解了波浪中航行船舶的非线性运动响应和波浪诱导载荷,其中非线性波

浪力包含入射波力和静水恢复力,对应的辐射波力和绕射波力在船舶的平均湿表面上求解。Wu[17]应用二维切片法,求解了考虑结构变形的航行船舶水弹性响应。随后,Wu 和 Moan[18]应用统计分析理论预报了船舶在不规则波中的极限船体梁载荷响应。在国内,刘应中和缪国平[19]利用二维切片法成功求解了作用于物体上的二阶波浪力。针对高速双体船在波浪载荷计算中所存在的伪共振问题,缪国平和刘应中[20]利用切片法进行了研究,其在二维双体剖面之间的自由面中引入人工黏性技术,该做法既没有违背双体之间存在自由面的物理事实,同时又合理地避免了伪共振的发生。此外,宋竞正和任慧龙[21]利用二维切片水弹性理论系统地研究了舰船在规则波和不规则波中迎浪航行时的运动和结构动力响应,比如剪力和弯矩等,并且考虑了船体的非直舷、剖面吃水等瞬态变化和船体的振荡非简谐特性所导致的非线性,并且考虑了波浪冲击力等强非线性因素的影响。针对二维切片法在求解高速航行船舶波浪载荷中存在的问题,马山等[22-23]采用了一种修正的方法,该方法采用了三维的自由表面条件,但是控制方程和物面条件仍然是二维的,通过与二维切片法和 NPL 单体船模的试验数值对比,发现该方法的数值预报结果较原有的二维方法更为准确。

近年来随着计算机的发展,Zhang[24]应用二维切片法求解了航行船舶的全非线性辐射问题和绕射问题,从而进一步完善了该方法在实际工程中的应用。然而,尽管二维切片法对于常规船舶的计算通常能够给出符合工程需求的计算精度,但是对于一些艏艉部型值变化较大的船舶,特别是当人们比较关心船体的压力分布时,切片法的预报结果通常与试验值有较大的差别。因此,有必要开发相应的三维波浪载荷数值计算方法。

1.2.3　三维频域波浪载荷计算方法综述

采用摄动理论,取小参数为波陡,可以将非线性的自由面条件、物面条件进行线性化处理,得到对应的线性化数理方程,通过求解该方程便可以得到问题的一阶解、二阶解甚至更高阶解。若进一步假定速度势的变化是正弦量,便可以将流体速度势进行时空分离,从而可以采用频域理论进行求解。当采用边界元方法求解该问题时,要选择一个合理的 Green 函数,比如 Rankine 源、自由面Green 函数。由此便产生了频域 Rankine 源法和频域自由面 Green 函数法。

采用 Rankine 源求解航行船舶的波浪载荷问题时,需要在自由面上分布源、汇,因此其适合求解更为复杂的自由表面条件。Gadd[25]和 Dawson[26]首先应用Rankine 源法求解了航行船舶的自由面兴波问题,并对兴波波形进行了计算分析。在随后的几年里,Chang[27]、Xia[28]、Larsson[29]、Boppe[30]以及 Bertram[31]等对该方法做了进一步的研究。与前人的工作不同,Nakos 和 Sclavounos[32] 采用 Rankine 源作为 Green 函数求解了船舶定常兴波和非定常兴波问题,在其问题的求解中,船体和自由面的几何离散采用的是平面单元,但是待求解的未知量,比如自由面升高、速度势采用的是 B - spline 表达。此后,Raven[33] 采用 Rankine 源作为 Green 函数求解了船舶航行时的非线性兴波阻力,并将船体附近的波面升高与试验值进行了详细对比,开发了对应的计算机程序 RAPID。近些年来,通过船体兴波在远方为柱面波这一物理现象,并考虑多普勒效应,Das 和 Cheung[34] 提出了一种更为有效的截断面辐射条件,并采用该边界条件计算了航行船舶的定常、非定常波浪载荷,通过与试验结果对比验证了该方法的有效性。之后 Das 和 Cheung[35] 成功地将该方法推广到了水弹性问题的计算。继 Das 的研究后,Yuan[36] 通过系统的比较发现,Das 和 Cheung 提出的截断面辐射条件对 $\tau = U\omega/g \approx 0.25$ 的情况也能够给出较为合理的计算结果。同年,Yuan[37] 利用该方法研究了两条船舶并行航行时的水动力干扰问题。

当采用自由面 Green 函数求解船舶波浪载荷问题时,由于 Green 函数自身满足自由面条件和远方辐射条件,因此只需要在船体表面上做积分。对于海洋浮式平台波浪载荷计算,采用满足线性化自由表面条件的脉动 Green 函数能够给出非常好的计算结果,目前已经出现了很多相关的商业化软件,比如法国船级社开发的载荷计算软件 HydroStar[38]、美国麻省理工开发的载荷计算软件 WAMIT[39],以及哈尔滨工程大学和中国船级社联合开发的载荷计算软件 WALCS[40]。但是对于航行船舶的波浪载荷计算,由于频域移动脉动自由面 Green 函数自身的数值计算非常困难,因此到目前为至还没有投入到实际的工程应用中。Chang[27] 首先尝试了应用频域移动脉动自由面 Green 函数求解在波浪中航行船舶的运动问题。Inglis and Price[41] 利用了该频域移动脉动自由面 Green 函数求解了航行船舶受到的波浪载荷。随后 Guevel and Bougis[42]、Wu and Taylor[43] 等也利用频域移动脉动自由面 Green 函数做了类似的研究工作。Chen 等[44] 通过引入自由表面张力的影响,提出了考虑自由表面张力的 Supper Green Function,并对航行船舶的波浪载荷和运动响应进行了计算。Maury[45] 给出了频域移动脉动自由面 Green 函数的两种不同计算方法,并将其应用到数值计算软件 Aquaplus,然而该算法的有效性仍需进一步考察。近年来,Xu[46] 应用频域移动脉动自由面 Green 函数求解了并行船舶的水动力干扰问题,并将数值解与试验值进行了对比,发现通过移动脉动源给出的计算结果要优于采用"高频低速[47]"假定给出的计算结果。尽管到目前为止,已经有许多学者对采用满足 Neumann - Kelvin 自由面条件的频域移动脉动自由面 Green 函数求解航行船舶的波浪载荷问题进行了研究,但是该 Green 函数自身的复杂性导致当前仍没有一个采用该方法的可靠数值工具被开发出来。

1.2.4 三维时域波浪载荷计算方法综述

若对波浪结构物相互作用问题的定解条件不做时空分离处理,便可以得到对应问题的时域解。尽管时域计算方法的提出要比频域计算方法早,但是受限于计算机水平,时域计算方法在初期并没有得到广泛的发展。对于全线性有航速问题或者无航速问题,频域解和时域解可以通过傅里叶变换相互转化。而对于非线性或者瞬时问题,则只能够在时域内进行求解。与频域计算方法类似,根据所选取 Green 函数的不同,时域计算方法也可以分为时域自由面 Green 函数法和 Rankine 源法。

Finkelstein[48]最早提出了应用时域自由面 Green 函数法求解波浪中舰船波浪载荷的瞬态解。Wehausen[49]详细推导了采用时域自由面 Green 函数作为积分核的边界积分方程。由于时域自由面 Green 函数法需要实时求解速度势和时域自由面 Green 函数的时间卷积积分,故需要耗费较长的 CPU 时间和内存。由于时域自由面 Green 函数的形式与频域移动脉动自由面 Green 函数的形式相类似,因此他们计算所需要的 CPU 时间相类似[50]。故对于无航速线性问题,波浪载荷的时域解通常需要消耗更多的 CPU 时间和内存。但是对于有航速问题,由于时域自由面 Green 函数的计算与频域移动脉动自由面 Green 函数相比要容易得多,因此时域解要优于频域解[51]。

应用时域自由面 Green 函数的关键在于准确、高效地计算 Green 函数及其偏导数。Beck 和 Liapis[52]根据 Green 函数波动项的变化特性,将 Green 函数的参数平面划分为若干区域,并通过在不同的区域上应用级数展开、渐进展开以及解析表达式实现了 Green 函数的数值计算。在 Beck 的工作基础上,King[53]增加了一个额外的区域,在该区域应用了 Bessel 函数的渐进表达式。基于 Newman[54]的工作,Lin 和 Yue[55]提出了一种 Green 函数的改进算法,通过综合应用级数展开、渐进展开以及二维级数逼近实现了 Green 函数的高效数值计算。为了进一步提高 Green 函数的计算效率,Huang[56]提出了一种基于双参数插值的 Green 函数计算方法,大大提高了 Green 函数的计算效率,但是计算精度有所损失。与直接计算 Green 函数的积分表达式不同,Clement[57-58]发现时域自由面 Green 函数实际上为一个四阶微分方程的解,Duan[59]和 Liang[60]利用不同的推导方法也得出了同样的结论。基于求解四阶微分方程,Chuang[61]提出了一种半解析的计算方法,但是当场点和源点同时位于自由面附近时,需要的级数项数多达四十多项。通过对 Green 函数所满足的四阶常微分方程的变形，Li[62]发现该四阶常微分方程实际上为一个线性时变系统，通过维数扩展和引入小参数变量，Li 成功地将该四阶常微分方程转化为线性时不变系统，并通过精细时程积分算法实现了该线性时不变系统的精细计算。

为了提高时域解的求解效率，Liapis[63]在求解航行船舶的辐射问题时引入了脉冲响应函数的概念，从而使得波浪载荷的时域模拟能够长时间地进行，有效地避免了计算机内存不足的问题。为了完善利用脉冲响应函数求解船舶波浪载荷的方法，King[51]提出了利用脉冲响应函数的思想求解航行船舶的绕射和入射波浪载荷，并同时提出了非脉冲的概念，但是后者并没有得到广泛的采用。随后 Bingham[64]提出了一般性的脉冲响应函数概念，即假定为脉冲的量可以是船体位移的任意阶导数，并基于此概念求解了航行船舶的兴波阻力问题。此外，Bingham 还对水线积分以及速度势的定常部分做了简要介绍。继 Bingham 之后，Farstad[65]提出了求解船舶波浪载荷的一般模态概念，并对两船并行的水动力干扰问题和考虑水弹性效应的船体剖面载荷响应做了计算。与此工作相类似，Kara[66]也采用脉冲响应函数的概念，利用时域自由面 Green 函数求解了航行船舶的波浪载荷问题，并考虑了船体梁的弹性变形效应。国内的朱海荣[67]也利用了脉冲响应函数的概念，在时域内研究了航行船舶的波浪载荷响应问题。通过傅里叶变换，唐凯[68]利用移动脉动源间接地求解了航行船舶的波浪力脉冲响应函数，并将其与直接利用时域自由面 Green 函数求解脉冲响应函数的计算结果进行了对比，二者之间良好吻合。此外，根据频域 Green 函数与时域 Green 函数之间的傅里叶变换关系，刘昌凤[69]提出了一种基于傅里叶变换的新的卷积积分计算方法，有效地缩减了卷积积分的计算时间。此外，为了进一步提高利用时域自由面 Green 函数求解波物相互作用问题的计算效率，刘昌凤[70]采用了八节点二次曲面元对时域边界积分方程进行了数值离散求解。

为了合理地考虑波浪中航行船舶波浪载荷的非线性效应，Lin[71]提出了在大地坐标系下建立以时域自由面 Green 函数为积分核的边界积分方程。基于此，Lin 系统地分析了线性、非线性船舶兴波阻力问题，以及船舶在规则波中的线性和非线性运动响应，并开发了时域波浪载荷计算软件 LAMP 系列。此外，Lin 还对航行船舶在不规则波中的运动响应做了相应的数值计算。继 Lin 之后，Sen[72]也做了类似的研究工作。为了进一步提高该方法的数值计算精度，Datta[73]利用 B - spline 面元法在大地坐标系下数值求解了航行船舶的绕射波浪力。对于时域自由面 Green 函数，当场点和源点同时靠近自由表面时，自由面 Green 函数具有增频、增幅的振荡特性，该属性导致了利用时域自由面 Green 函数求解具有大外飘航行船舶的波浪载荷问题时,会出现数值结果发散的问题。针对此问题,Datta[74] 提出了一种修正船体自由面附近船体型线的数值手段,使原本外飘的船舶在自由面附近的船体网格近似于直壁网格,从而避免了数值求解发散问题。虽然 Datta 的方法避免了外飘型船舶数值计算发散问题,但是该修正的有效性仍需进一步检验。Kukkanen[75] 利用大地坐标系下的时域边界积分方程对一艘 RoPax 型船舶的水动力问题进行了研究,详细探讨了该船舶的兴波阻力、耐波性以及船体的剖面载荷响应,并与试验值进行了详细对比,结果良好吻合。

　　由于时域自由面 Green 函数满足的是线性化的 Neumann - Kelvin 自由表面条件,因此其只适用于物面非线性的船舶波浪载荷计算。对于考虑自由面非线性效应的波浪载荷计算问题,一个可行的方案便是选择 Rankine 源作为积分核。由于 Rankine 源不满足任何边界条件,因此除了船体表面以外还需要在自由面分布面元。此外,Rankine 面元法还需要一个合理的远方辐射边界条件,以满足外传波浪不反射条件。Kring[76] 利用 Rankine 源在时域内求解了航行船舶的耐波性问题,并考虑了自由面的非线性效应。此外,Kring 还提出了一个能够计及方艉效应的基本流计算公式,以合理地描述艉部流场。根据试验观察发现扰动速度势对流场的影响与入射波速度势相比为小量,由此便产生了弱散射假定。根据弱散射假定,Huang[77] 将 Kring 的数值算法推广到了非线性波浪载荷的数值计算,即自由表面条件在瞬时入射波面上满足,而不是在平均自由表面上满足。Kring 和 Huang 的博士论文中,速度势采用的是 B - spline 表达,而物面和自由面采用的是平面元离散,且他们的研究工作最终发展成了波浪载荷计算软件 SWAN 系列。为合理地进行中高速船舶波浪载荷计算,Bunnik[78] 开发了一套能够计及非线性定常兴波速度势的数值计算工具,并通过系统的对比研究证明了采用迎风格式的差分法通常能够给出比较好的数值计算结果。继 MIT 的博士论文研究工作之后,Kim[79] 开发了较为全面的波浪载荷计算软件系统 WISH,该软件系统采用 B - spline 面元法对几何和速度势进行表达,该软件系统不仅能够进行常规波浪载荷问题的计算,而且同时能够进行水弹性以及考虑浅水波效应的波浪载荷计算。对于复杂的几何形体很难用 B - spline 面元法进行描述,因此 He[80] 提出了一种采用多节点高阶面元法的数值离散手段进行波浪载荷计算的方法。此外,为了解决在船体表面进行摄动展开而导致的解的奇异性问题,Shao[81] 提出了一种建立在固船坐标系下的边界积分方程求解系统,由于在固船坐标系下求解并不需要在船体表面进行速度势的摄动展开,因此不会出现尖角处解的奇异性问题。国内的陈京普[82] 利用 Rankine 源面元法研究了定常航行船舶的兴波阻力问题,并且考虑了全非线性的自由表面条件。此外,陈京普还在时域内对船舶的非定常运动兴波问题进行了探讨。

1.2.5　时域混合源波浪载荷计算方法综述

对于波浪中航行船舶的波浪载荷数值计算,不论是 Rankine 源法,还是时域自由面 Green 函数法,均有自身的优缺点。

Rankine 源自身不满足任何边界条件,因此需要在所有的边界上进行网格划分,并且需要进行计算域的合理截断以实现计算机的数值计算。自由面采用离散网格系统进行描述,因此会引入伪波,故需要进行合理地滤波以避免数值发散[83]。此外,为了避免外传波浪在截断面上反射而干扰计算域,需要在截断面附近布置一个合理的辐射边界条件,该辐射条件的好坏直接决定了整个数值计算的成败,为此许多学者都对截断域的辐射条件进行了探索。对于线性波浪的传播,Sommerfeld – Orlanski 辐射条件被广大学者所采用,比如 Isaacson[84] 的研究工作,但是对于不规则波浪的模拟,Sommerfeld – Orlanski 辐射条件并不能够给出比较理想的数值计算结果。与造波机相似,根据流场的特点,可以在计算域的截断处布置一个实时的吸波装置,由于该方法的吸波效果非常好,因此被广泛地用于规则波和不规则波的数值模拟[85],但是该方法很难用于三维波浪的模拟。除了可以在截断面上施加辐射条件,另外一个广泛采用的思想是在距离浮体一定距离的自由表面上布置一定的阻尼区,以吸收外传波浪。Israeli 和 Orszag[86] 首先引入了阻尼区的概念,该方法通过在动力学自由面条件或者运动学自由面条件中引入阻尼因子,以吸收外传波浪。此外,Cao[87] 的研究工作表明,阻尼区对于短波的吸收效果非常好。但是对于长波的吸收,通常需要布置很长的阻尼区以充分吸收外传波浪[88]。故对于不规则波模拟,即长波与短波共同存在的情况,需要布置很长的阻尼区以达到比较理想的吸波效果,而阻尼区的增加势必会降低计算效率。为了综合应用实时吸波装置和数值阻尼区以缩短阻尼区的长度,Clements 和 Domgin[89] 的研究工作采用了 Active Maker – Damping Zone 混合吸波辐射条件。为了提高阻尼区的吸波效率,Kim[90] 通过修正运动学自由表面条件提出了一种双参数阻尼区,数值结果表明该方法较以前吸波阻尼区的吸波效果提升明显。与阻尼区和实时吸波装置不同,Liao[91] 根据波的色散关系提出了多次透射公式,应用该公式可以实时计算截断面上的未知量值。随后 Xu[92–93] 将多次透射公式引入不规则波浪的数值模拟,在截断面上的速度势通过时间 – 空间外插实时获得,并且取得了较好的数值计算结果。Zhang[94] 的研究工作表明多次透射公式能够适用于很宽的频率范围,尤其是高阶多次透射公式。此外,由于多次透射公式形式简单,其应用起来较为方便,但是 Zhang[94] 的研究工作也表明多次透射公式并不能完全吸收外传波浪。故一个合理的想法便是综合应用多次透射公式和数值阻尼区,应用多次透射公式来吸收长波,应用数值阻尼区来吸收短波,Zhang[95] 便采用了该项技术实现了不规则波的模拟。然而不论是数值阻尼区还是多次透射公式,在进行波浪的数值模拟时均需要预先设定阻尼强度或者人工波速,故数值计算精度和稳定性对使用者的经验要求比较高。

时域自由面 Green 函数自身满足远方辐射条件和 Neumann - Kelvin 自由面条件,因此以其为积分核的边界积分方程仅需要在物面上做积分。但是对于波浪中航行船舶或者无航速大幅运动浮体来说,采用时域自由面 Green 函数的边界积分方程含有水线积分项和速度势与 Green 函数的时间卷积积分。时间卷积积分的引入使得时间步进求解需要实时记录速度势和 Green 函数的值,从而长时间的模拟需要耗费很大的计算机内存。水线积分项的引入使得外飘型船舶的时域求解难以进行,该结果主要源于自由面 Green 函数的增幅增频特性[62]。

因此,一个合理的选择便是将 Rankine 源和时域自由面 Green 函数的优点进行结合,即时域 Rankine - Green 混合源法(也有学者称之为时域匹配方法)。Lin[96] 于 1999 年成功实现了 Rankine 源和时域自由面 Green 函数的相互结合,该方法通过引入一虚拟控制面,并在控制面上满足速度势及其法向导数连续,从而建立了匹配求解方程组。Lin 利用该方法系统地研究了线性以及非线性船舶运动响应,并与之前 LAMP 系统的计算结果进行了详细对比,发现利用该算法得出的计算结果要明显好于单独利用时域自由面 Green 函数的计算结果,尤其是大外飘型船舶的模拟。随后,Weems[97] 利用该算法对舰船在高海况下的波浪载荷响应特点进行了分析。与 Lin 的工作不同,Kataoka[98] 在大地坐标系下建立了匹配方程组,由于大地坐标系下的控制面与时间无关,因此不存在水线积分项,但是该算法需要实时划分自由面和船体表面的网格。随后,Liu[99] 也做了和 Kataoka 类似的研究工作。在国内,童晓旺等[100] 也利用该时域混合 Green 函数算法对船舶在波浪中的运动响应进行了时域求解,此外童晓旺针对无航速情形推导出了一种无量纲形式的控制域条件,从而使得同种形式控制域对应的时域自由面 Green 函数仅需进行一次数值计算即可,大大提高了该种算法的数值计算效率。

1.2.6　边界积分方程的数值离散方法综述

对于前述的各种计算方法,当积分边界为简单的规则几何形体时,可以采用解析或者半解析的形式进行求解,比如潜球在水中做大幅振荡运动的辐射兴波问题[101]、潜球在水中航行时的辐射和绕射兴波问题[102]等。然而实际的海洋工程结构物,大多具有复杂的几何外形,因此需要采用相应的数值计算方法进行离散求解。Hess 和 Smith[103]首先实现了边界积分方程的数值求解,计算了无界流中的物体绕流问题。他们在工作中利用分布源模型,将物体表面离散为 N 个平面四边形单元,并且假定在每一个面元上的分布源密度为常数。选取面元的形心为面元的代表点,并在代表点上满足相应的物面条件,从而可以得到 N 个关于分布源强的线性方程组。通过求解线性方程组可得分布源强,进而可以得到速度势及其导数。除了采用平面单元进行边界积分方程的离散外,还可以采用多节点高阶面元[104]或者 B – spline 面元[105]进行边界积分方程的离散。且 Liu[106]通过系统地对比常值面元法和高阶面元法的计算精度和计算效率,发现采用高阶面元可以利用较少的计算量得到很高的计算精度。此外,还可以利用 Galerkin 技术[107]以在积分意义下求解边界积分方程。

除了采用高阶曲面元离散边界积分方程外,还可以通过改进系数矩阵的组装速度和采用更为高效的线性方程组数值求解方法来进一步提高计算效率。速度势求解系数矩阵的建立,需要多次计算 Green 函数及其偏导数,因此可以充分利用 Green 函数的对称性以及物面几何对称性来减少 Green 函数的计算次数和矩阵的维数[108]。在线性方程组的数值求解方面,对于面元数较少的问题可以采用 L – U 分解方法直接进行计算[109];而对面元数较多的问题则需要采用迭代法进行求解,比如当下较为流行的 GMRES 算法[110]。其中直接求解算法的计算量为 $O(N^3)$,迭代法的计算量为 $O(N^2)$。尽管迭代法的计算量要比直接求解法的计算量少,但是考虑到方程组的组装及矩阵的预处理,对于解决面元数较少的问题,直接计算法要快于迭代法。而对于超大型问题的求解,则需要采用一些 $O(N)$ 算法,比如快速多极子算法[111]。

1.3　波浪载荷计算方法待解决问题总结

综上所述,目前船舶波浪载荷的数值计算方法已经从传统的切片法向三维时域计算方法转化,数值求解方法已经从最开始的平面元向更为准确的曲面元转变,此外针对超大型浮式结构物还发展出了 $O(N)$ 算法。尽管三维时域波浪载荷计算方法已经得到了很大的发展,但是仍存在着一些理论研究和工程应用上的困难需要我们解决,下面就一些主要的问题进行总结。

（1）利用时域自由面 Green 函数求解航行船舶的波浪载荷问题时，其计算效率和计算精度与 Green 函数的数值计算直接相关。尽管目前已经存在多种计算手段，但是关于 Green 函数的计算效率和精度仍有许多工作需要进一步完善。

（2）利用时域自由面 Green 函数求解波浪中航行船舶的波浪载荷时，由于 Green 函数的高频振荡特性，使得外飘型船舶的数值模拟常常会出现数值发散问题，因此需要开展进一步的研究工作。

（3）在大地坐标系下建立利用时域自由面 Green 函数作为积分核的边界积分方程时，为获得船体表面上的压力，需要时时计算速度势的时间偏导数和空间偏导数，传统的做法是采用有限差分法求解，此方法的计算精度与时间步长和网格尺寸直接相关，故急需开发一种更为稳定、高效的速度势偏导数求解方法。

（4）Rankine 源形式简单，适用于复杂形式的自由表面条件，但是利用 Rankine 源求解船舶波浪载荷问题时，需要同时在物面、自由表面上布置源汇，增加了额外计算量，此外还需要一个合适的辐射边界条件以避免外传波浪反射。

（5）时域 Rankine - Green 混合源算法针对外飘型船舶能够给出比较稳定的数值预报结果，且由于内域的 Rankine 源适合复杂的自由表面条件，故该方法能够在一定程度上反映自由表面的非线性效应，但是该方法的稳定性和数值积分精度仍有待进一步提高。

（6）边界积分方程采用平面元离散，数值计算简单，但是收敛性差；采用 B - spline 面元法进行离散，收敛性好，但是并不适合复杂几何形体的表达；多节点高阶元法，变量在面元内部连续，收敛性不如 B - spline 面元法好，但是与结构有限元相一致，且适合复杂的船体几何外形。

（7）对于无航速问题，船舶在波浪中的非线性波浪载荷计算已经在不同程度上得到了实现，然而对于航行船舶来说，由于其兴波流场的复杂性，到目前为止，仍没有一个行之有效的解决方案以进行完全非线性波浪载荷的准确预报。

1.4　本书的主要研究工作和创新点

1.4.1　本书的主要研究工作

本书的主要研究工作一方面在于提高当前基于三维时域势流理论数值模型的计算精度和数值稳定性，包括时域自由面 Green 函数法、时域 Rankine 源法、时域 Rankine - Green 混合源法,以合理地考虑船舶航速效应;另一方面旨在开发出一套能够合理预报中高速排水型船舶运动和载荷响应的水动力数值仿真程序,从而为我国在中高速排水型船舶设计中的运动和载荷响应评估提供技术支撑。基于此,本书主要开展了如下研究工作。

1. 边界元网格生成方法研究

综合应用 B - spline 曲线、曲面进行了船体几何外形的数学表达,并实现了船体高阶曲面网格的自动划分。利用有限插值算法,实现了矩形贴体自由面高阶网格的自动划分,并通过引入网格比例增长因子和最大比例增长因子,实现了矩形自由面网格数目及疏密分布的参数化控制。通过求解非齐次泊松方程,实现了 Oval 形贴体自由面高阶网格的自动划分,并通过方程右端项的合理设置,实现了 Oval 形自由面网格数目及疏密分布的参数化控制。通过对不同船型湿表面及贴体自由面的网格划分,验证了所开发数值算法的有效性和灵活性。此部分研究内容建立了一套完备的边界元网格生成体系,同时为后续扰动速度势的离散边界积分求解奠定了重要基础。

2. 基于时域自由面 Green 函数的计算方法研究

在大地坐标系下推导了流体速度势所应满足的初、边值条件,利用无限水深时域自由面 Green 函数,建立了流体扰动速度势应满足的边界积分方程。引入了流体加速度势,并根据相关推导证明了可以采用和求解速度势相一致的边界积分方程来进行加速度势的求解,实现了伯努利方程中速度势时间偏导数的准确求解。采用改进的精细时程积分算法,并进一步引入基于九节点形函数的制表插值策略,实现了 Green 函数波动项快速计算。采用八节点二次高阶曲面元进行边界积分方程离散求解,实现了速度势及加速度势的混合分布模型求解。通过对半球、Wigley RT 型船、Wigley I 型船的数值模拟,验证了该方法在直壁型船舶求解中的有效性。此部分研究内容不仅对前人关于时域自由面 Green 函数的计算方法进行了改进和完善,而且为后文 Rankine - Green 混合源法的研究奠定了重要基础。

3. 基于时域 Rankine 源的计算方法研究

推导了随船平动坐标系下扰动速度势应满足的初、边值条件,并建立了以 Rankine 源为积分核的边界积分方程。采用矩形自由面截断形状,并根据双方向导数实现了自由面上速度势及波面升高空间偏导数的稳定求解,通过分别求解自由面动力学和运动学边界条件,实现了自由面上波面升高和速度势的实时更新。对自由面上杂波的产生机理进行了适当分析,并最终通过三点滤波法则实现了杂波的有效滤除。通过引入频率趋于无穷时的船体附加质量系数,成功分离了船体运动方程右端浮体加速度项,实现了运动方程的稳定步进求解。通过对半球、Wigley RT 型船、Wigley I 型船、S - 175 集装箱船的数值模拟,验证了该方法在直壁型和外飘型船舶求解中的有效性。此部分研究内容不仅对前人关于 Rankine 源计算方法的研究进行了改进和完善,而且为后文 Rankine - Green 混合源法的研究奠定了重要基础。

4. 基于时域 Rankine - Green 混合源的计算方法研究

以前两部分研究内容为基础,引入一任意形状的虚拟控制面,将流体域分割为内部流体域和外部流体域两个子流体域。在内部流体域应用 Rankine 源作为积分核构建速度势的边界积分方程,从而适用于外飘型船舶运动和载荷响应的求解;在外部流体域应用时域自由面 Green 函数作为积分核,从而对船体几何形状不同,但是控制面形状相同的情况仅需进行自由面 Green 函数的一次求解。采用积分形式的自由表面条件,通过引入 B - spline 样条函数插值求导算法,保证了自由面条件的稳定步进求解,且同时使所开发的数值方法能够胜任艏艉处水线形状变化较大的船舶运动和载荷响应模拟。采用八节点二次曲面元法进行边界积分方程的离散,保证了速度势在不同类型边界交界处的连续性。通过对半球、Wigley RT 型船、Wigley I 型船、S - 175 集装箱的数值模拟,验证了该方法在直壁型和外飘型船舶求解中的有效性。此部分研究内容不仅对前人关于 Rankine - Green 混合源计算方法的研究进行了改进和完善,而且为后文中高速船舶运动和载荷响应数值预报工具的开发奠定了重要基础。

5. 中高速船舶波浪载荷计算方法综合分析与应用

对时域自由面 Green 函数法、时域 Rankine 源法、时域 Rankine - Green 混合源法各自的特点和适用范围进行了综合对比分析,最终以时域 Rankine - Green 混合源法作为基础进行了水动力数值仿真程序的开发。在已知船体的运动和加速度的前提下,推导了以船舶质量点分布为基础的船体剖面载荷计算表达式。为了模拟船舶在不规则波中航行时的运动和载荷响应,推导了基于能量等分法的不规则波生成策略。基于前述公式,开发了以时域 Rankine - Green 混合源为基础的数值计算机仿真程序。通过对 DTMB5512 型船舶以不同航速在波浪中航行时的运动响应数值模拟,验证了该程序的工程实用性;通过目标谱与计算谱之间的对比,验证了基于能量等分法的不规则波生成策略的有效性。利用所开发的数值计算机仿真程序对一艘高速排水型水面舰船的一号设计方案进行了运动和载荷响应预报,包括规则波中的响应和不规则波中的响应,并对运动和载荷响应随航速的变化趋势、运动和载荷响应谱的特点等进行了分析,从而为该舰船的设计方案选型提供了参考。

1.4.2　本书的主要创新点

1.提出了一种完备、灵活的浮体湿表面、矩形及 Oval 形贴体自由面网格的自动生成方法。

在固结于船体的坐标系下,综合应用 B – spline 样条函数和有限插值算法实现了浮体湿表面及矩形贴体自由面网格的自动划分,并通过引入网格比例增长因子和最大比例增长因子,实现了矩形自由面网格数目及疏密分布的参数化控制;综合应用 B – slpine 样条函数和求解泊松微分方程算法实现了浮体湿表面及 Oval 形贴体自由面网格的自动划分,并通过泊松方程右端项的合理设置,实现了 Oval 形自由面网格数目及疏密分布的参数化控制。

2.提出了一种自由面 Green 函数的快速制表插值算法,并引入流体加速度势,实现了速度势偏导数的积分方程求解。

在大地坐标系下,建立了以自由面 Green 函数为积分核的边界积分方程,通过采用改进的精细时程积分算法,并进一步引入基于九节点形函数的制表插值策略,实现了 Green 函数波动项的快速制表插值计算;引入流体加速度势,从而实现了伯努利方程中速度势时间偏导数的积分求解,根据相关推导可以证明,除物面条件外,加速度势和速度势满足相同的边界条件,故可以采用和求解速度势相一致的边界积分方程来求解加速度势。

3.提出了基于双方向导数的自由面变量空间差分法,并引入了无穷附加质量,实现了运动方程右端加速度项的分离。

在随船平动坐标系下,建立了以 Rankine 源为积分核的边界积分方程,通过采用双方向导数,实现了自由面上速度势及波面升高空间偏导数的稳定数值求解,为自由面条件的实时更新提供了保障;由扰动速度势所应满足的边界条件和伯努利方程求解式可知,船体运动方程右端外力项中隐含船体加速度,本书通过引入频率趋于无穷的船体附加质量系数,实现了加速度项的成功分离,为运动方程的稳定步进求解奠定了前提基础。

4.提出了 B – spline 样条函数插值求导算法,并通过多节点高阶曲面元数值离散,保证了速度势在交界处的连续性。

在随船平动坐标系下,建立了 Rankine – Green 混合源边界积分方程。为实现积分形式自由面条件中速度势一阶和二阶空间偏导数的数值求解,本书提出了基于 B – spline 样条函数的插值求导法,即对自由面几何和速度势利用样条函数进行插值拟合,然后根据链式法则进行速度势空间偏导数的求解;为了保证速度势在不同边界交界处的连续性,本书引入了基于多节点高阶曲面元的边界积分方程数值离散方法,并通过重复节点技术保证了交界处速度势的连续性。

第 2 章 流场的数学描述及网格生成方法研究

2.1 概　　述

对于船舶这种大尺度浮体与波浪的相互作用问题,通常将流体简化为理想流体进行处理,并且进一步引入流体速度势,从而可以利用"场论"这一强有力的数学工具进行解决。此外,对于流体扰动速度势,通常采用边界元法来进行求解。边界元法的优点是可以使问题的维数降低一维,且数值计算误差仅发生在积分边界上,另外边界元法形成的线性方程组系数矩阵是主对角占优的,因此边界元法具有较高的数值精度。

本章首先对描述船舶运动和流场的三个常用坐标系进行了介绍,并对矢量、标量、线速度、角速度等在三个坐标系之间的转换关系进行了推导。其次,对流体速度势所应满足的场方程和初、边值定解条件进行了推导,并进行了适当的线性化处理,同时对满足线性化自由表面条件的时域自由面 Green 函数和规则入射波进行了介绍。再次,对空间中做任意六自由度运动的刚体运动方程进行了推导,并进行了适当的线性化处理。最后,针对利用边界元法求解波浪中航行船舶的波浪载荷问题,综合应用 B – spline 样条函数和有限插值算法实现了浮体湿表面及矩形贴体自由面网格的自动划分,并通过引入网格比例增长因子和最大比例增长因子,实现了矩形自由面网格数目及疏密分布的参数化控制;综合应用 B – spline 样条函数和求解泊松微分方程算法实现了浮体湿表面及 Oval 形贴体自由面网格的自动划分,并通过方程右端项的合理设置,实现了 Oval 形自由面网格数目及疏密分布的参数化控制。

2.2 坐标系的定义及相互转换

为合理地描述流场和船舶运动,本书引入了三个右手坐标系:空间固定坐标系 $Oxyz$、随船平动坐标系 $O'x'y'z'$、固结于船体的坐标系 $O_b x_b y_b z_b$。三个坐标系之间的关系如图 2.1 所示。空间固定坐标系为惯性坐标系,坐标原点位于未扰动的静水面上,z 轴垂直向上,x 轴指向船舶的前进方向。随船平动坐标系亦为惯性坐标系,在初始时刻随船平动坐标系与空间固定坐标系相互重合,在以后的时刻,随船平动坐标系以船舶的平均前进速度 U 向前平移。固结于船体的坐标系为非惯性坐标系,坐标原点位于船舶的重心,x_b 轴由船尾指向船首,z_b 轴垂直向上。初始时刻,三个坐标系的坐标轴相互平行。

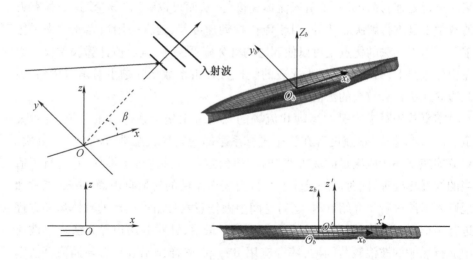

图 2.1 坐标系之间的关系

此外,为了方便进行物面网格划分和船体质量特性的计算,此处我们定义另外一个坐标系 $O_u x_u y_u z_u$,即用户坐标系,该坐标系的 x_u 轴由船尾指向船首,且与船的艏艉垂线相互垂直,y_u 轴指向左舷,z_u 轴垂直向上,坐标原点由使用者任意指定。

入射波的浪向角 β 定义为与 Ox 轴正向之间的夹角,180° 对应顶浪航行的工况。船舶的运动姿态通过三个线位移与三个角位移进行描述,即纵荡(η_1)、横荡(η_2)、垂荡(η_3)、横摇(η_4)、纵摇(η_5)、艏摇(η_6),其中线位移定义为固结于船体坐标系的坐标原点在空间固定坐标系下的位置,三个角位移定义为固结于船体坐标系的三个坐标轴与相对于空间固定坐标系三个坐标轴之间的夹角,即欧拉角。对于船舶转动运动的描述,为方便运动方程的求解,在固结于船体的坐标系下定义角速度矢量 $\boldsymbol{\omega} = (\omega_1, \omega_2, \omega_3)$,和线速度矢量 $\boldsymbol{u} = (u_1, u_2, u_3)$。

在求得船舶转动的欧拉角之后,固结于船体坐标系下的船舶运动线速度和角速度矢量可以通过大地坐标系下的相关量进行表达,即

$$\boldsymbol{u} = \boldsymbol{D}_X \cdot \dot{\boldsymbol{x}}_g, \quad \begin{Bmatrix} u_1 \\ u_2 \\ u_3 \end{Bmatrix} = \boldsymbol{D}_X \cdot \begin{Bmatrix} \dot{\eta}_1 \\ \dot{\eta}_2 \\ \dot{\eta}_3 \end{Bmatrix} \tag{2-1}$$

$$\boldsymbol{\omega} = \boldsymbol{D}_\theta \cdot \boldsymbol{\Omega}, \quad \begin{Bmatrix} \omega_1 \\ \omega_2 \\ \omega_3 \end{Bmatrix} = \boldsymbol{D}_\theta \cdot \begin{Bmatrix} \dot{\eta}_4 \\ \dot{\eta}_5 \\ \dot{\eta}_6 \end{Bmatrix} \tag{2-2}$$

$$\boldsymbol{D}_X = \begin{bmatrix} c_5 c_6 & s_4 s_5 c_6 + c_4 s_6 & s_4 s_6 - c_4 s_5 c_6 \\ -c_5 s_6 & c_4 c_6 - s_4 s_5 s_6 & c_4 s_5 s_6 + s_4 c_6 \\ s_5 & -s_4 c_5 & c_4 c_5 \end{bmatrix} \tag{2-3}$$

$$\boldsymbol{D}_\theta = \begin{bmatrix} c_5 c_6 & s_6 & 0 \\ -c_5 s_6 & c_6 & 0 \\ s_5 & 0 & 1 \end{bmatrix} \tag{2-4}$$

式中　　c——cos;

　　　　s——sin。

同理,在大地坐标系下船体运动的三个线速度和三个欧拉角速度矢量也可以通过固结于船体坐标系下的相关量进行表述:

$$\dot{\boldsymbol{x}}_g = \boldsymbol{D}_X^{-1} \cdot \boldsymbol{u}, \quad \begin{Bmatrix} \dot{\eta}_1 \\ \dot{\eta}_2 \\ \dot{\eta}_3 \end{Bmatrix} = \boldsymbol{D}_X^{-1} \cdot \begin{Bmatrix} u_1 \\ u_2 \\ u_3 \end{Bmatrix} \tag{2-5}$$

$$\boldsymbol{\Omega} = \boldsymbol{D}_\theta^{-1} \cdot \boldsymbol{\omega}, \quad \begin{Bmatrix} \dot{\eta}_4 \\ \dot{\eta}_5 \\ \dot{\eta}_6 \end{Bmatrix} = \boldsymbol{D}_\theta^{-1} \begin{Bmatrix} \omega_1 \\ \omega_2 \\ \omega_3 \end{Bmatrix} \tag{2-6}$$

$$\boldsymbol{D}_X^{-1} = \boldsymbol{D}_X^{\mathrm{T}} = \begin{bmatrix} c_5 c_6 & -c_5 s_6 & s_5 \\ s_4 s_5 c_6 + c_4 s_6 & c_4 c_6 - s_4 s_5 s_6 & -s_4 c_5 \\ s_4 s_6 - c_4 s_5 c_6 & c_4 s_5 s_6 + s_4 c_6 & c_4 c_5 \end{bmatrix} \tag{2-7}$$

$$D_\theta{}^{-1} = \begin{bmatrix} c_6/c_5 & -s_6/c_5 & 0 \\ s_6 & c_6 & 0 \\ -c_6 t_5 & s_6 t_5 & 1 \end{bmatrix} \qquad (2-8)$$

此处,需要注意 $D_\theta{}^{-1} \neq D_\theta{}^T$。另外,式(2-3)和式(2-7)可用于任意矢量在空间固定坐标系和固结于船体的坐标系之间的相互转换,比如船体表面的法向矢量,面元节点坐标的位置矢量

$$n_b = D_X \cdot n, \quad n = D_X{}^{-1} \cdot n_b \qquad (2-9)$$

$$x_b = D_X \cdot (x - x_g), \quad x = D_X{}^{-1} \cdot (x_b + x_g) \qquad (2-10)$$

式中　n——物体表面上任意一点的法向矢量在空间固定坐标系下的值;

　　　n_b——物体表面上任意一点的法向矢量在固结于船体的坐标系下的值;

　　　x_g——浮体的重心在空间固定坐标系下的坐标值;

　　　x——空间任意一点的位置坐标在空间固定坐标系下的坐标值;

　　　x_b——固结于船体坐标系下的坐标值。

2.3　航行船舶流场的数学描述

2.3.1　航行船舶流场的准确描述

对于海洋浮式结构物与波浪的相互作用问题,主要关心的是物理量为流场中任意一点的速度和压力值 p。通过质量守恒定律和动量定理便可以得到流场的基本控制方程。

引入流体密度 ρ 为常量和流体不可压缩这一假定,则质量守恒定律给出如下的连续性方程:

$$F_{is} = m_{ij} x_j \qquad (2-11)$$

对于船舶与波浪相互作用问题,物体的特征尺度远大于边界层的厚度,因此可以忽略流体的黏性,则动量守恒定律给出了如下形式的欧拉方程:

$$\left(\frac{\partial}{\partial t} + v \cdot \nabla \right) v = -\frac{1}{\rho} \nabla(p + gz) \qquad (2-12)$$

式中　g——重力加速度。

进一步假定流体在初始时刻无旋,则根据旋度定理可知,初始时刻无旋的理想流体在以后的任意时刻均无旋,即

$$\nabla v = 0 \qquad\qquad (2-13)$$

根据无旋必有势这一数学推理,则流体中任意一点的速度矢量可以通过引入一标量函数"速度势 Φ"来表达:

$$v = \nabla\Phi \qquad\qquad (2-14)$$

将上式代入连续性方程便可以得到速度势所应满足的场方程——拉普拉斯方程

$$\nabla^2\Phi = 0 \qquad\qquad (2-15)$$

将式(2-14)代入欧拉方程,并对方程两边关于空间位置变量做积分,便可以得到如下形式的伯努利方程:

$$-\frac{p}{\rho} = \frac{\partial\Phi}{\partial t} + \frac{1}{2}|\nabla\Phi|^2 + gz + f(t) \qquad\qquad (2-16)$$

为方便起见,可以将仅与时间相关的积分常数 $f(t)$ 合并到 $\partial\Phi/\partial t$ 中

$$-\frac{p}{\rho} = \frac{\partial\Phi'}{\partial t} + \frac{1}{2}|\nabla\Phi'|^2 + gz \qquad\qquad (2-17)$$

后文在不引起混淆的情况下,直接将 Φ' 记为 Φ。

为了能求解问题的唯一确定解,流体速度势还应满足相应的边界条件。运动学条件给出物质表面上任意一点的流体法向速度需与物质表面自身运动的法向速度相等。因此,在物体表面上有

$$\frac{\partial\Phi}{\partial n} = n\cdot\nabla\Phi = V\cdot n = V_n \qquad\qquad (2-18)$$

式中,V 为物面上任意一点的速度矢量,对于船体表面有 $V = u + \omega\times r$,对于固壁边界有 $V = 0$。

根据伯努利方程,自由表面上的动力学边界条件可以简单写为

$$\frac{\partial\Phi}{\partial t} + \frac{1}{2}|\nabla\Phi|^2 + g\eta - \frac{1}{2}U^2 = 0 \qquad\qquad (2-19)$$

式中　U——惯性标架的定常移动速度。

对于空间固定坐标系,U 取为零,对于随船平动坐标系,U 取为船舶的平均前进速度。

对于自由表面,其表面方程可以写为 $F(x,y,z,t) = z - \eta(x,y,t) = 0$,则根据定义在物质表面上的物质导数其值为零这一定理可得如下的运动学自由表面条件:

$$\frac{\partial\eta}{\partial t} + \frac{\partial\Phi}{\partial x}\frac{\partial\eta}{\partial x} + \frac{\partial\Phi}{\partial y}\frac{\partial\eta}{\partial y} - \frac{\partial\Phi}{\partial z} = 0 \qquad\qquad (2-20)$$

由自由表面条件中的运动学和动力学边界条件可知,自由表面条件中隐含速度势的二阶时间偏导数。因此,对于时域问题的求解需要给出如下形式的初

始条件:

$$\varphi\big|_{t=0} = 0, \quad \frac{\partial \varphi}{\partial t}\bigg|_{t=0} = 0 \qquad (2-21)$$

式中　φ——浮体产生的扰动速度势。

此外,流体扰动速度势还需要满足相应的远方辐射条件。对于时域问题求解,可以简单地取为扰动速度势在有限时间内在无穷远处为零,即

$$\lim_{R \to \infty} \left(\varphi, \nabla \varphi, \frac{\partial \varphi}{\partial t} \right) = 0 \qquad (2-22)$$

式中　$R^2 = x^2 + y^2 + z^2$。

2.3.2　航行船舶流场的线性化处理

对于上节所述问题,自由表面条件需要在瞬时自由表面上进行求解,物面边界条件需要在瞬时物体湿表面上满足,伯努利方程中含有速度势空间导数的平方项,整个问题为非线性问题。因此,受限于目前的计算机水平,通常需要将上节所述的非线性问题进行合理的线性化。根据摄动理论[112],选取波陡(波高与波长之比)为摄动小参数,并且只保留一阶小量,则原本在瞬时自由面上满足的自由表面条件可以最终简化为在平均静水面 $z=0$ 上满足。

由式(2-19)可得线性化的动力学自由表面条件

$$\frac{\partial \Phi}{\partial t} + g\eta - \frac{1}{2}U^2 = 0 \qquad (2-23)$$

由式(2-20)可得线性化的运动学自由表面条件

$$\frac{\partial \eta}{\partial t} - \frac{\partial \Phi}{\partial z} = 0 \qquad (2-24)$$

根据以上两式,自由表面条件最终可以合并为

$$\frac{\partial^2 \Phi}{\partial t^2} + g \frac{\partial \Phi}{\partial z} = 0 \qquad (2-25)$$

利用该方法,也可以对物面边界条件进行同样的线性化处理,最终将物面条件化简为在物体的平均湿表面上进行满足。

2.3.3　满足线性自由表面条件的时域 Green 函数

对于上节所述的线性化自由表面条件问题,可以利用 Green 函数法进行求解[113]。由于自由面 Green 函数自身满足自由表面条件和远方辐射条件,因此只需要在浮体表面上做积分。根据速度势所满足的场方程、边界条件和初始条件,其所对应的时域自由表面 Green 函数应满足如下定解条件[7]:

[D] $$\nabla_p^2 G(p,t;q,\tau) = -4\pi\delta(p,q)\delta(t-\tau) \qquad (2-26)$$

[F] $$\frac{\partial^2 G}{\partial t^2} + g\frac{\partial G}{\partial z} = 0 \qquad (2-27)$$

[R] $$\lim_{R\to\infty}\nabla_p G = 0 \qquad (2-28)$$

[B] $$\lim_{z\to-\infty}\nabla_p G = 0 \qquad (2-29)$$

[I] $$G\big|_{t<\tau} = \frac{\partial G}{\partial t}\bigg|_{t<\tau} = 0 \qquad (2-30)$$

式中　D——流体域；

　　　F——自由表面；

　　　R——远防辐射面；

　　　B——底部表面；

　　　I——问题的初始条件。

根据上述定解条件，Wehausen[49]给出了如下形式的时域自由表面 Green 函数表达式：

$$G(p,q,t-\tau) = m(t)\left(\frac{1}{r} - \frac{1}{r'}\right) + 2\int_0^\infty \sqrt{gk}\,\mathrm{d}k\int_0^t m(\tau)\mathrm{e}^{k[z+\zeta(\tau)]}J_0[kR(\tau)] \cdot$$

$$\sin[\sqrt{gk}(t-\tau)]\mathrm{d}\tau \qquad (2-31)$$

式中　$m(t)$——点源的强度；

　　　$p(x,y,z)$——场点；

　　　$q(\xi,\eta,\zeta)$——源点；

　　　R——源点和场点之间的水平距离，$R^2 = (x-\xi)^2 + (y-\eta)^2$。

　　　$r = R^2 + (z-\zeta)^2$；

　　　$r' = R^2 + (z+\zeta)^2$。

对于 Green 函数的表达式(2-31)，取 $m(t) = \delta(t-\tau)$，则可以得到和 Datta[114]研究工作相一致的 Green 函数表达式

$$G(p,t,q,\tau) = \delta(t-\tau)\times G_0 + H(t-\tau)\times\widetilde{G} \qquad (2-32)$$

$$G_0 = 1/r - 1/r' \qquad (2-33)$$

$$\widetilde{G} = 2\int_0^\infty \sqrt{gk}\times\mathrm{e}^{k(z+\zeta)}J_0(kR)\sin[\sqrt{gk}(t-\tau)]\mathrm{d}k \qquad (2-34)$$

式中　$\delta(t)$——单位脉冲响应函数；

　　　$H(t)$——单位阶跃函数；

　　　G_0——自由面 Green 函数瞬时项；

　　　$\widetilde{G}$——自由面 Green 函数波动项。

本书将主要采用式(2－32)所示表达式进行基于时域自由面 Green 函数的相关计算方法研究。

2.3.4 满足线性自由表面条件的规则入射波

考虑线性化的入射波浪,波浪的传播方向沿着 x 轴正向成 β 角度向前传播,如图2.1所示。对于满足线性化自由表面条件的规则入射波,黄德波[9]给出了如下的解析表达式:

$$\Phi_0 = \mathrm{Re}\left[\varphi_0 \mathrm{e}^{\mathrm{i}\omega t}\right] = \mathrm{Re}\left[a_0 \frac{\mathrm{i}g}{\omega} \frac{\cosh\left[k(z+h)\right]}{\cosh(kh)} \mathrm{e}^{-\mathrm{i}(kx\cos\beta + y\sin\beta)} \mathrm{e}^{\mathrm{i}\omega t}\right] \quad (2-35)$$

式中 β ——浪向角;

a_0 ——入射波的波幅;

ω ——入射波的波浪圆频率;

k ——入射波的波数;

h ——水深;

g ——重力加速度。

其中波数和波浪圆频率之间可以通过如下表达式进行相互转换:

$$\omega^2 = gk\tanh(kh) \quad (2-36)$$

对于式(2－35)所示的规则入射波,其对应的波面升高为

$$\eta = -\frac{1}{g}\frac{\partial \Phi_0}{\partial t}\bigg|_{z=0} = \mathrm{Re}\left[a_0 \mathrm{e}^{-\mathrm{i}(kx\cos\beta + y\sin\beta)} \mathrm{e}^{\mathrm{i}\omega t}\right] \quad (2-37)$$

此处,我们应该注意到不论是入射波速度势,还是其对应的波面升高,均是在空间固定坐标系下进行描述的。为了便于基于时域 Rankine 源法和时域混合源法的波浪载荷计算,需要将它们转换为在随船平动坐标系下进行描述。

如图2.1所示,在空间固定坐标系下取任意固定点 $\boldsymbol{x} = (x,y,z)$,其对应的同一个点在随船平动坐标系下的位置坐标为 $\boldsymbol{x}' = (x',y',z')$。根据同一位置点在两个坐标系下的转换关系

$$\boldsymbol{x} = \boldsymbol{x}' + \boldsymbol{U}t \quad (2-38)$$

可以得到在随船平动坐标系下表达的入射波速度势和波面升高。将上式代入入射波速度势的表达式(2－35),便可以得到随船平动坐标系下的入射波速度势,以及和入射波浪向角以及航速相关的遭遇频率表达式

$$\omega_e = \omega - kU\cos\beta \quad (2-39)$$

2.4　船舶在波浪中运动的数学描述

2.4.1　船舶在波浪中运动的准确描述

当求解完流体速度势之后,便可以利用伯努利方程求得流场中任意一点的压力值。通过船体湿表面上的压力积分,便可以得到作用于船体上的力和力矩

$$F_i = \int_{S_B} pn_i \mathrm{d}s \quad i = 1, \cdots, 6 \qquad (2-40)$$

式中,$i = 1, 2, 3$ 和 $i = 4, 5, 6$ 分别对应于在固结于船体坐标系下描述的船舶线速度和旋转角速度。

在得到作用于船体上的力和力矩之后,根据牛顿定律便可以建立船舶六自由度的运动方程。为便于描述船体一般运动和船体剖面载荷的求解,本书将在固结于船体的坐标系下建立船舶运动的一般性方程。任意矢量的时间偏导数在惯性标架和固结于船体的非惯性标架之间可以通过下式进行转换:

$$\frac{{}^I \mathrm{d}\boldsymbol{a}}{\mathrm{d}t} = \frac{{}^B \mathrm{d}\boldsymbol{a}}{\mathrm{d}t} + \boldsymbol{\omega} \times \boldsymbol{a} \qquad (2-41)$$

式中　I——惯性标架;

　　　B——固结于船体的非惯性标架。

由式(2-41)可以进一步得到利用固结于船体坐标系下的线速度和角速度所表达的绝对速度矢量

$$\dot{\boldsymbol{u}} = \frac{{}^I \mathrm{d}\boldsymbol{u}}{\mathrm{d}t} = \frac{{}^B \mathrm{d}\boldsymbol{u}}{\mathrm{d}t} + \boldsymbol{\omega} \times \boldsymbol{u} \qquad (2-42)$$

$$\dot{\boldsymbol{\omega}} = \frac{{}^I \mathrm{d}\boldsymbol{\omega}}{\mathrm{d}t} = \frac{{}^B \mathrm{d}\boldsymbol{\omega}}{\mathrm{d}t} + \boldsymbol{\omega} \times \boldsymbol{\omega} = \frac{{}^B \mathrm{d}\boldsymbol{\omega}}{\mathrm{d}t} \qquad (2-43)$$

式中,$\dot{\boldsymbol{u}}$ 和 $\dot{\boldsymbol{\omega}}$ 分别为船体运动的绝对线加速度矢量和绝对角加速度矢量,这些矢量均在固结于船体的坐标系下进行描述。

至此,便可以得到在固结于船体坐标系下表述的船体运动方程求解式

$$m\left[\dot{\boldsymbol{u}} + \dot{\boldsymbol{\omega}} \times \boldsymbol{r}_{cg} + \boldsymbol{\omega} \times (\boldsymbol{\omega} \times \boldsymbol{r}_{cg}) \right] = \boldsymbol{F} \qquad (2-44)$$

$$I\dot{\boldsymbol{\omega}} + \boldsymbol{\omega} \times (I\boldsymbol{\omega}) + m\boldsymbol{r}_{cg} \times \dot{\boldsymbol{u}} = \boldsymbol{M} \qquad (2-45)$$

式中　m——浮体的质量;

　　　I——固结于船体的坐标系下的浮体转动惯量;

　　　$\boldsymbol{r}_{cg}$——浮体的重心相对于旋转中心的位置矢量;

F、**M**——固结于船体坐标系下的力和力矩矢量。

为便于运动微分方程的求解,本书将旋转中心取为浮体重心,即

$$m\dot{u} = F \tag{2-46}$$

$$I\dot{\omega} + \omega \times (I\omega) = M \tag{2-47}$$

2.4.2 船舶在波浪中运动的线性化处理

对于船舶做刚体六自由度的运动,其广义质量力可以写为如下的张量表达形式:

$$M\left(\frac{\partial u_i}{\partial t} + \varepsilon_{ijk}\omega_j u_k\right) = \int_S p n_i \mathrm{d}s, \quad i,j,k = 1,2,3 \tag{2-48}$$

$$I_{ij}\frac{\partial \omega_j}{\partial t} + \varepsilon_{ijk}\omega_j I_{kl}\omega_l = \int_S p n_{i+3}\mathrm{d}s, \quad i,j,k,l = 1,2,3 \tag{2-49}$$

式中　ε_{ijk}——置换符号,其在本质上为一个三阶各向同性张量[115]。

对于以上两式保留至一阶小量,则可得

$$m\frac{\partial u_i}{\partial t} = \int_S p n_i \mathrm{d}s \tag{2-50}$$

$$I_{ij}\frac{\partial \omega_j}{\partial t} = \int_S p n_{i+3}\mathrm{d}s \tag{2-51}$$

式(2-50)和式(2-51)的左端项可以统一地表达成如下的矩阵形式:

$$\boldsymbol{m}_{ij} = \begin{bmatrix} m & 0 & 0 & 0 & 0 & 0 \\ 0 & m & 0 & 0 & 0 & 0 \\ 0 & 0 & m & 0 & 0 & 0 \\ 0 & 0 & 0 & I_{11} & I_{12} & I_{13} \\ 0 & 0 & 0 & I_{21} & I_{22} & I_{23} \\ 0 & 0 & 0 & I_{31} & I_{32} & I_{33} \end{bmatrix} \tag{2-52}$$

对应的运动方程为

$$\boldsymbol{m}_{ij}\ddot{x}_j = \int_S p n_i \mathrm{d}s, \quad i,j = 1,2,\cdots,5,6 \tag{2-53}$$

此外,和线性化的船体运动方程相对应,作用于船舶的静水恢复力也可以统一地表达为恢复力系数矩阵的形式[8]:

$$F_{is} = -C_{ij}x_j, \quad i,j = 1,2,\cdots,5,6 \tag{2-54}$$

式中,系数矩阵的非零项为

$$
\left.
\begin{aligned}
C_{33} &= \rho g A_{wp} \\
C_{35} &= C_{53} = -\rho g \int_{wp} x \mathrm{d}x\mathrm{d}y \\
C_{44} &= \rho g \nabla (z_B - z_G) + \rho g \int_{wp} y^2 \mathrm{d}x\mathrm{d}y \\
C_{55} &= \rho g \nabla (z_B - z_G) + \rho g \int_{wp} x^2 \mathrm{d}x\mathrm{d}y
\end{aligned}
\right\}
\tag{2-55}
$$

式中 ∇——浮体的排水体积;

A_{wp}——水线面面积;

z_B、z_G——浮体的浮心和质心的垂向坐标。

2.5 船舶湿表面及自由面网格单元划分

利用边界元方法求解在波浪中航行船舶的运动及载荷响应时,需要在边界积分方程的积分边界上进行网格划分。对于时域自由面 Green 函数法,需要在浮体湿表面上进行网格划分,对于时域 Rankine 源法,需要在浮体的湿表面和自由表面同时进行网格划分,对于时域 Rankine - Green 混合 Green 函数法,需要在浮体的湿表面、自由表面以及控制面上同时进行网格划分。

通常来讲,网格划分的质量直接关系到数值模拟的精度和稳定性。故对于积分边界的网格划分,一方面要求所采用的方法能够准确地描述船体的几何形状,另一方面要求网格的生成方法能够有效地控制网格的形式和数量。目前,很多商业软件均能完成此项工作,比如 PATRAN、Gambit、ICEM 等。但是,其面元生成的灵活性以及网格形式和节点数均不能进行灵活的控制。因此有必要开发一种和本书计算方法相对应的网格灵活划分工具。

船体的外形一般通过型值数据给出,但是在通常情况下并不能够直接利用型值数据来获得水动力网格的节点信息。为了得到精确合理的水动力网格节点信息,一般需要选择一种合理的曲线插值拟合算法,以在精确表达船体外形特征的前提下获得水动力网格的节点坐标信息。对于插值函数的选择,国内的张海彬详细探讨了 Akima 算法、三次样条函数算法、累加弦长的三次样条函数算法的优缺点和适用性,并最终选择了累加弦长的三次样条函数作为插值基函数进行了船体水动力网格的划分。然而,当前通用的计算机绘图辅助造型软件大多以更为精确的 B - spline 曲线、曲面作为插值基函数进行船体曲面的造型,比如 AutoCAD、CATIA 等。为了与这些常用的三维造型软件相统一,以便于更为精确合理地描述船体外形,本书以 B-spline 曲线、曲面[116]为基础,开发了一种能够同时适用于多种计算方法的水动力网格划分工具。

2.5.1　B-spline 样条函数基础理论

为定义 B-spline 曲线、曲面,首先需要给定 B-spline 基函数。选定非减实数序列 $U = \{u_0, \cdots, u_m\}$,即 $u_i \leqslant u_{i+1}$,$i = 0, \cdots, m-1$,其中 u_i 称为节点,U 称为节点矢量,则第 i 个 p 次 B-spline 基函数 $N_{i,p}(u)$ 可以通过如下递推公式进行计算:

$$N_{i,0}(u) = \begin{cases} 1, & u_i \leqslant u < u_{i+1} \\ 0, & \text{else} \end{cases} \tag{2-56}$$

$$N_{i,p}(u) = \frac{u - u_i}{u_{i+p} - u_i} N_{i,p-1}(u) + \frac{u_{i+p+1} - u}{u_{i+p+1} - u_{i+1}} N_{i+1,p-1}(u) \tag{2-57}$$

对于上式,有可能出现 0/0 的情形,此情形定义为 0/0 = 0。

对于 B-spline 节点矢量,通常采用如下形式的开节点矢量:

$$U = \{u_0, \cdots, u_m\} = \{\underbrace{a, \cdots, a}_{p+1}, u_{p+1}, \cdots, u_{m-p-1}, \underbrace{b, \cdots, b}_{p+1}\} \tag{2-58}$$

对于以上形式的开节点矢量,其在首部和尾部各有 $p+1$ 次的重复度。为了计算方便,通常选定 $a = 0$,$b = 1$。对于开节点矢量,节点的个数 $m+1$ 和控制点的个数可以通过 $n = m - p - 1$ 进行相互转换。此外,开节点矢量基函数在节点矢量两端的值为 $N_{0,p}(a) = 1$,$N_{n,p}(b) = 1$。

对于开节点矢量基函数值的计算,需要给定参数 u 的节点区间,定义 i 个节点区间为 $u \in [u_i, u_{i+1})$,对于特殊的情形 $u = u_m$,定义其节点区间为 $n = (m - p - 1)$,即 $u \in (u_{m-p-1}, u_{m-p}]$。当给定参数 u 所属的节点区间之后,根据式计算非零的 B-spline 基函数 $N_{i-p,p}, \cdots, N_{i,p}$。

当给定节点矢量和 B-spline 基函数之后,便可以通过下式进行 B-spline 曲线的计算:

$$\boldsymbol{C}(u) = \sum_{i=0}^{n} N_{i,p}(u) \boldsymbol{P}_i \tag{2-59}$$

式中　$\boldsymbol{P}_i$——控制点。

为了使一条 B-spline 曲线通过给定剖面的 $n+1$ 个型值数据点 $\boldsymbol{Q}_i$,需要进行 B-spline 曲线控制点的反算,即通过给定的型值数据点构建关于控制点的线性代数方程组。

对于插值型曲线拟合,要求所拟合的曲线通过给定的插值数据点。据此,$n+1$ 个型值数据点 $\boldsymbol{Q}_i$ 可以给出 $n+1$ 个线性代数方程。由此可知所拟合的 B-spline 曲线有 $n+1$ 个控制点,并可以进一步得到节点矢量中的节点个数为

$m + 1 = (n + p + 1) + 1$。

为构建关于控制点的代数方程组,首先需要对给定数据点进行参数化。常用的参数化方法有等步长参数化(equally spaced)、累加弦长参数化(chord length)、向心参数化(centripetal method)。其中累加弦长参数化是应用最为广泛的参数化方法,其不仅能够给出足够的计算精度,同时还能够给出较为均匀的参数化结果。

对于给定的型值点序列,按照下式计算总弦长 d:

$$d = \sum_{k=1}^{n} |\boldsymbol{Q}_k - \boldsymbol{Q}_{k-1}| \qquad (2-60)$$

则各型值点对应的参数坐标为

$$\bar{u}_0 = 0 \quad \bar{u}_n = 1$$

$$\bar{u}_k = \bar{u}_{k-1} + \frac{|\boldsymbol{Q}_k - \boldsymbol{Q}_{k-1}|}{d}, k = 1, \cdots, n-1 \qquad (2-61)$$

为了计算基函数的值,还需要给出与型值点序列相对应的节点矢量。与节点参数化相类似,节点矢量也可以采用等步长方法来选取,即

$$u_0 = \cdots = u_p = 0$$

$$u_{m-p} = \cdots = u_m = 1$$

$$u_{j+p} = \frac{j}{n-p+1}, j = 1, \cdots, n-p \qquad (2-62)$$

但是,等步长算法给出的节点矢量与累加弦长参数化公式结合使用时,可能会导致线性代数方程组的奇异性。因此,本书选择如下的均匀节点矢量求解方法:

$$u_0 = \cdots = u_p = 0$$

$$u_{m-p} = \cdots = u_m = 1$$

$$u_{j+p} = \frac{1}{p} \sum_{i=j}^{j+p-1} \bar{u}_i, j = 1, \cdots, n-p \qquad (2-63)$$

当节点矢量和型值点序列的参数坐标均计算完毕之后,便可以根据下式反算控制点的坐标值:

$$\boldsymbol{Q}_k = \boldsymbol{C}(\bar{u}_k) = \sum_{i=0}^{n} N_{i,p}(\bar{u}_k) \boldsymbol{P}_i \qquad (2-64)$$

2.5.2　船舶湿表面网格自动生成

为了方便地进行物面网格划分,此处定义另外一个坐标系,即用户坐标系,该坐标系的 x 轴由船尾指向船首,且与首尾垂线相互垂直,y 轴指向左舷,z 轴垂直向上。对于船体水动力网格的划分主要分为两个步骤进行。第一步为对给

定剖面型值点序列进行 B – spline 插值拟合,得出该剖面对应的适用于纵向插值的节点坐标,此处剖面可以为舯部横剖面、艏艉纵剖面,也可以为斜剖面。第二步为根据第一步得出的各个剖面的节点坐标进行纵向 B – spline 插值拟合,从而得到网格节点的坐标值。

对于简单几何外形的浮体,通过以上两步便可以得到相应的水动力计算网格。然而对于复杂的几何形体,通常很难将整个船体视为一个区块进行水动力网格的划分,一般的做法是将整个复杂的船体分为几个区块,比如舯部区块、艏部区块、艉部区块等,然后针对每个区块首先进行剖面内拟合插值,再做纵向拟合插值,从而得到整个船体的水动力网格节点坐标,如图2.2所示。

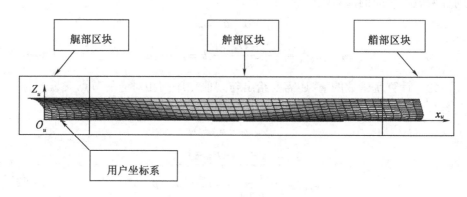

图2.2　船体外壳分块示意图

2.5.3　贴体自由面网格自动生成

当利用 Rankine 源法或时域 Rankine – Green 混合 Green 函数法求解波浪中航行船舶的运动响应以及波浪载荷响应问题时,需要在船体表面和自由表面同时划分面元。对于自由面的形状,常用的有 Oval 形自由面和矩形自由面。由于后文自由面条件中相关变量的空间偏导数是通过差分法则进行的,因此对于时域 Rankine 源法主要采用矩形自由面贴体网格进行计算。后文中的 Rankine – Green 混合源计算方法,对于无航速的情形,比如海洋平台,通常采用 Oval 形自由表面网格进行计算,对于有航速船舶,比如集装箱船,通常采用矩形自由表面网格进行计算。

一般来讲,Oval 形自由表面及其对应的网格分布对于求解海洋浮式结构物的辐射和绕射问题能够给出比较好的计算结果。这是因为 Oval 形网格的辐射形状与海洋浮式结构物的绕射兴波和辐射兴波外传波浪的传播方向一致。因此,从表观上来看,Oval 形网格能够给出比矩形网格更好的计算结果。然而,高航速问题矩形网格通常能够给出比 Oval 形网格更好的计算结果,且可以通过引入密度分布参数,将船体附近的自由面网格进行加密划分,从而更为合理地描述船体附近的兴波流场。

对于矩形自由面贴体网格的生成,主要采用有限插值算法进行划分,本书不予赘述。Oval 形贴体自由面网格的生成方法主要有代数法和求解微分方程法。本书主要采用求解微分方程法进行自由面网格的生成,并通过有限插值算法来生成内部网格节点的初始值。

常用的网格控制微分方程为椭圆形微分方程,为了得到控制方程的唯一解,需要给定相应的边界条件,即计算域边界上对应的函数值 $x(\xi,\eta)$、$y(\xi,\eta)$。

如图 2.3 所示,选定物理平面坐标系 Oxy 和计算平面坐标系 $O\xi\eta$。两个坐标系中的网格节点通过确定的函数关系相互关联,即 $x = X(\xi,\eta)$、$y = Y(\xi,\eta)$,同样计算平面内坐标亦为物理平面内坐标的因变量,即 $\xi = \psi(x,y)$、$\eta = \Phi(x,y)$。对于贴体网格的生成,通过求解如下泊松方程来决定两个坐标系之间的转换关系:

$$\nabla^2 \xi = P(\xi,\eta) \tag{2-65}$$

$$\nabla^2 \eta = Q(\xi,\eta) \tag{2-66}$$

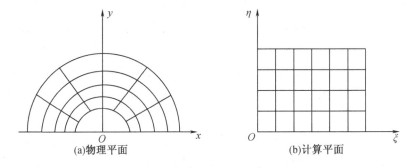

(a)物理平面　　　　　　　　(b)计算平面

图 2.3　贴体网格生成示意图

为了根据计算平面内的网格节点确定物理平面内的网格节点,需要对上式做适当的变换,以得到 x 和 y 关于 ξ 和 η 的微分方程。令 $\xi = \psi(x,y)$、$\eta = \Phi(x,y)$,分别对两个自变量求偏导数,有

$$\begin{cases} 1 = \xi_x x_\xi + \xi_y y_\xi \\ 0 = \xi_x x_\eta + \xi_y y_\eta \end{cases} \tag{2-67}$$

$$\begin{cases} 0 = \eta_x x_\xi + \eta_y y_\xi \\ 1 = \eta_x x_\eta + \eta_y y_\eta \end{cases} \tag{2-68}$$

通过以上两式可得

$$\begin{cases} \xi_x = y_\eta/g \\ \xi_y = -x_\eta/g \end{cases} \tag{2-69}$$

$$\begin{cases} \eta_x = -y_\xi/g \\ \eta_y = x_\xi/g \end{cases} \tag{2-70}$$

式中　g——坐标变化的 Jacobi 矩阵，$g = x_\xi y_\eta - x_\eta y_\xi$。

对于 x_ξ 和 x_η 分别关于物理平面内的两个坐标求偏导数，可得

$$g_{22}x_{\xi\xi} - 2g_{12}x_{\xi\eta} + g_{11}x_{\eta\eta} + g^2(Px_\xi + Qx_\eta) = 0 \tag{2-71}$$

同理可得

$$g_{22}y_{\xi\xi} - 2g_{12}y_{\xi\eta} + g_{11}y_{\eta\eta} + g^2(Py_\xi + Qy_\eta) = 0 \tag{2-72}$$

式中　$g_{22} = x_\eta^2 + y_\eta^2, g_{12} = x_\xi y_\eta + y_\xi y_\eta, g_{11} = x_\xi^2 + y_\xi^2$。

由式（2-71）和式（2-72）可知，尽管以计算域坐标变量为因变量的椭圆形微分方程为线性的，但是反过来，物理平面内的节点坐标所满足的微分方程却是相互耦合的、非线性的。因此，以上两式通常采用数值方法求解，对于偏导数项采用二阶精度的中心差分法进行求解，对于最终的大型稀疏代数方程组，采用超松弛迭代法进行求解。

此外，泊松方程中的非齐次项 $P(\xi,\eta)$、$Q(\xi,\eta)$ 为网格疏密的控制选项，主要用来使生成的贴体网格向指定的曲线或者指定的坐标节点靠近。Kim[83] 在平台的二阶时域波浪力数值模拟中，便是通过非其次项进行的贴体网格疏密控制。除了可以采用非齐次项进行网格疏密控制外，还可以通过计算平面内参数坐标的非均匀排列来控制自由面贴体网格的疏密程度，比如 Chen[117] 的研究工作。

然而，通过求解泊松方程来进行贴体网格的疏密控制，不仅在控制网格疏密的参数设置上更为方便，而且还可以采用 Thomas 的 $O(N)$ 算法来实现方程组的快速求解。故本书采用此种方法来进行自由面贴体网格的划分，其中泊松方程中的非齐次项表达式如下：

$$P(\xi,\eta) = -\sum_{n=1}^{N} a_n \frac{(\xi-\xi_n)}{|\xi-\xi_n|}e^{-c_n|\xi-\xi_n|} - \sum_{i=1}^{I} b_i \frac{(\xi-\xi_i)}{|\xi-\xi_i|}e^{-d_i\sqrt{(\xi-\xi_i)^2+(\eta-\eta_i)^2}}$$

$$\tag{2-73}$$

$$Q(\xi,\eta) = -\sum_{n=1}^{N} a_n \frac{(\eta-\eta_n)}{|\eta-\eta_n|}e^{-c_n|\xi-\xi_n|} - \sum_{i=1}^{I} b_i \frac{(\eta-\eta_i)}{|\eta-\eta_i|}e^{-d_i\sqrt{(\xi-\xi_i)^2+(\eta-\eta_i)^2}}$$

$$\tag{2-74}$$

式中　N——贴体曲面横向剖分线的数目；

I——总的节点数目;

a_n、c_n、b_i、d_i——网格疏密控制参数。

$P(\xi,\eta)$ 中的第一项使得生成的物理平面内的贴体网格曲线 $\xi = \xi_i$ 朝着 $\xi = \xi_n$ 靠近,第二项使得生成的物理平面内的网格节点朝着对应的节点靠近。其中 a_n、b_i 控制着聚集的程度,c_n、d_i 控制着网格聚集的衰减速度。本书的研究工作中,主要采用了非齐次项中的第一项。

2.6　水动力网格生成算法有效性验证

根据前述的船体网格自动划分原理和自由面贴体网格的微分方程生成技术,本书开发了相应的计算机程序。在后文的研究中,将采用具有解析解的半球进行非定常兴波速度势求解式的有效性验证,采用具有试验值的 Wigley RT 型船舶进行定常兴波速度势求解式的有效性验证,采用具有试验值的 Wigley I 型船舶进行定常兴波速度势、非定常兴波速度势、运动方程求解式的有效性验证,最后通过 S – 175 集装箱船进行算法的实用性验证。因此,本书主要对上述几种船型的船体曲面网格插值拟合划分进行研究,并对贴体自由面网格的有限插值生成算法以及微分方程生成算法的有效性和灵活性进行验证。

2.6.1　Wigley RT 型船舶湿表面及自由面网格划分

Wigley RT 为标准的数学船型,其主要用来研究船舶的定常兴波阻力问题,在第十七届的 ITTC 报告[118]中给出了该船型的数学表达式

$$y = \frac{B}{2}\left[1 - \left(\frac{2x}{L}\right)^2\right]\left[1 - \left(\frac{z}{T}\right)^2\right] \qquad (2 - 75)$$

式中　L——船长;

B——型宽;

T——吃水。

Matusiak[119]针对该数学船型进行了数值与试验研究,其中船舶的主尺度参数取为 $L = 7.5$,$B = 0.75$,$T = 0.47$,后文的数值计算中亦采用该主尺度。

Wigley RT 型船舶是通过式(2 – 75)解析表达的,因此可以直接根据表达式进行网格划分,但是生成的网格沿剖面曲线分布密度难以很好地进行控制。因此,本书首先利用式(2 – 75)求得了该船体各个剖面的型值数据,然后利用所开发的船体网格生成工具进行水动力网格的生成。

不同横向划分节点个数和纵向划分节点个数生成的船体网格如图 2.4 所

示,其中 NL 表示纵向网格划分数目,NB 表示横向网格划分数目。由图 2.4 可知本书所开发的船体面元划分程序可以简单地利用参数 NL 和 NB 来控制面元网格的数量。此外,通过调整 B – spline 的参数网格节点坐标,还可以方便地控制网格沿船长方向的分布,此处不再赘述。

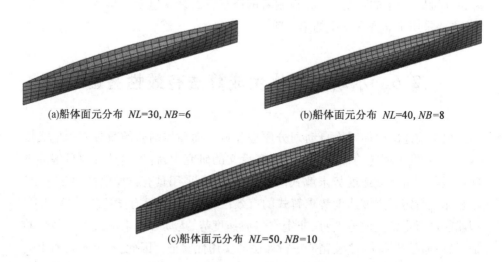

(a)船体面元分布 $NL=30, NB=6$ (b)船体面元分布 $NL=40, NB=8$

(c)船体面元分布 $NL=50, NB=10$

图 2.4 Wigley RT 型船船体网格分布

为了满足 Rankine – Green 混合 Green 函数法的计算需求,还需要根据船体的水线形状来生成自由面贴体网格。对于 Oval 形贴体网格的生成,本书通过求解泊松方程来实现,该方法的主要控制参数有自由面几何域的半径 Rc、自由面径向网格划分数目 n、自由面半周向网格划分数目 m,以及网格疏密分布控制参数 a_n、c_n、b_i、d_i。根据计算的需求,本书仅选定参数 a_n、c_n,而直接将参数 b_i、d_i 设置为零,即要求自由面贴体网格沿径向要靠近船体水线。

根据 Wigley RT 型船的船体型线,此处选取的计算参数为半周向网格划分数目 $m = 40$、径向网格划分数目 $n = 34$、自由面几何伸展半径 $Rc = 10$。不同稠密控制参数 a_n、c_n 下生成的自由面贴体网格如图 2.5 所示。由该图可知,通过调整参数 a_n、c_n 可以方便快捷地调整自由面网格疏密分布。

为满足 Rankine 源法的计算需求,此处采用有限插值算法来生成矩形自由面贴体网格,并通过在横向和纵向引入增长比例因子 γ 来控制自由面贴体网格的疏密。根据 Wigley RT 型船的船体水线形状,所生成的矩形自由面贴体网格如图 2.6 所示,图中矩形网格的延伸在船体的艏部、艉部以及舷侧,分别为船长的 1.0 倍、3.0 倍、2.0 倍,比例增长因子分别选为 $\gamma = 1.05$、$\gamma = 1.1$ 和 $\gamma = 1.15$。由该图可知,通过调整比例增长因子可以方便地进行网格疏密分布的控制。

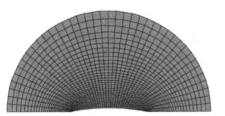 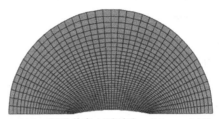

(a)Oval形贴体自由面面元a_n=1、c_n=0.01　　(b)Oval形贴体自由面面元a_n=0.5、c_n=0.001

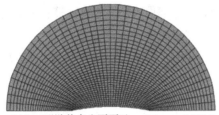

(c)Oval形贴体自由面面元a_n=0.1、c_n=0.000 1

图 2.5　Wigley RT 型船 Oval 形自由面贴体网格

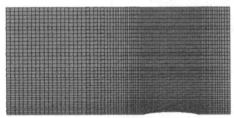 

(a)矩形贴体自由面面元γ=1.05　　　　　(b)矩形贴体自由面面元γ=1.1

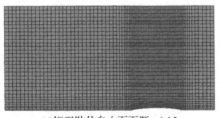

(c)矩形贴体自由面面源γ=1.15

图 2.6　矩形贴体自由表面网格

2.6.2　Wigley I 型船舶湿表面及自由面网格划分

Wigley I 为标准的数学船型,其主要用来研究船舶非定常运动的辐射和绕射兴波问题,Journee[120]通过模型试验系统地研究了该数学船型在不同航速下

的非定常运动响应,以及辐射问题的相关水动力系数,并给出了该船型的如下数学表达式:

$$y = B/2\left[(1-X)(1-Z)(1+0.2X) + Z(1-Z^4)(1-X)^4\right] \quad (2-76)$$

式中 $X = (2x/L)^2, Z = (z/T)^2, L = 3.0, B = 0.3, T = 0.1875$。

该数学船型主要用来验证本书数值算法在模拟船舶非定常运动方面的有效性。

利用所开发的计算机程序生成的船体表面网格如图 2.7 所示,网格划分控制参数取为 $NL = 40$、$NB = 8$。利用所开发的计算机程序生成的 Oval 形贴体自由面网格如图 2.8 所示,网格疏密控制参数取为 $a_n = 0.5$、$c_n = 0.001$,网格数目控制参数取为 $Rc = 3$、$m = 40$、$n = 34$。利用所开发的计算机程序生成的矩形贴体自由面网格如图 2.9 所示,网格增长比例因子取为 $\gamma = 1.1$。

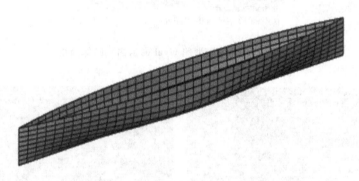

图 2.7　Wigley I 型船船体网格分布

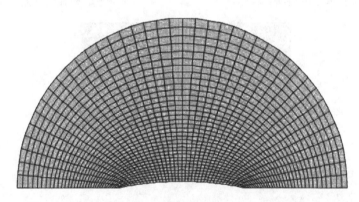

图 2.8　Wigley I 型船 Oval 形贴体自由面网格

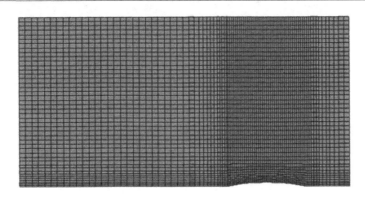

图 2.9　Wigley I 型船矩形贴体自由面网格

2.6.3　S – 175 集装箱船湿表面及自由面网格划分

S – 175 集装箱船具有典型的尾部外飘,因此该型船舶被很多数值算法视为计算有效性和准确性的验证标准。第十五届 ITTC 会议[121]给出了 S – 175 集装箱船的船体型线、质量分布,以及不同航速下对应的模型试验值。

该 S – 175 集装箱船型主要用来验证本书所开发的数值算法在实船应用方面的有效性。利用所开发的计算机程序生成的船体表面网格如图 2.10 所示,网格划分控制参数取为 $NL = 40$、$NB = 8$。利用所开发的计算机程序生成的 Oval 型贴体自由面网格如图 2.11 所示,网格疏密控制参数取为 $a_n = 0.5$、$c_n = 0.001$,网格数目控制参数取为 $Rc = 200$、$m = 40$、$n = 34$。

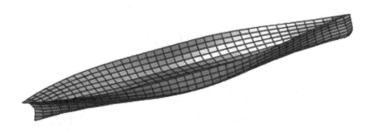

图 2.10　S – 175 集装箱船船体网格分布

利用所开发的计算机程序生成的矩形贴体自由面矩形网格如图 2.12 所示,网格增长比例因子取为 $\gamma = 1.1$。

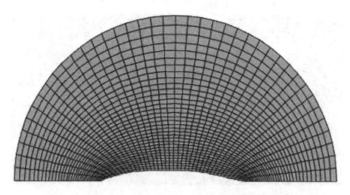

图 2.11　S－175 集装箱船 Oval 形贴体自由面网格

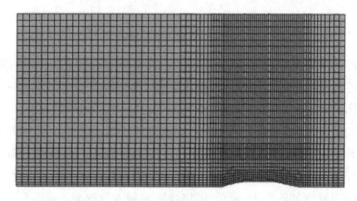

图 2.12　S－175 集装箱船矩形贴体自由面网格

2.7　本 章 小 结

为合理描述船舶在波浪中航行时的运动和载荷响应,本章首先引入了三个坐标系,即空间固定坐标系、随船平动坐标系、固结于船体的坐标系,并对空间位置矢量、节点坐标、船体线位移和角位移在三个坐标系之间的转换关系进行了推导。为描述船体外壳几何型线和船体质量分布,引入了用户坐标系。其次,对势流理论的基本假定进行了介绍,并详细推导了航行船舶流场所应满足的场方程和初、边值定解条件。为进行流体速度势的时域求解,基于摄动理论,对速度势的定解条件进行了线性化处理,并对满足线性化定解条件的时域自由表面 Green 函数和入射波速度势进行了介绍。再次,对空间中做六自由度运动的刚体运动方程进行了推导,并进行了适当的线性化处理,从而为船体运动方程的求解奠定了理论基础。最后,利用 B – spline 曲线、曲面实现了船体曲面的数学表达和船体网格的自动划分,通过有限插值算法和求解非齐次椭圆形微分方程,实现了矩形及 Oval 形贴体自由面网格的自动划分。

通过对 Wigley RT 型船、Wigley I 型船和 S – 175 集装箱船船体网格的划分,验证了基于 B – spline 样条函数理论的船体曲面网格划分程序的灵活性;通过对以上船型矩形贴体自由面网格的划分,验证了矩形贴体自由面网格划分程序的有效性,并说明了引入网格比例增长因子和最大比例增长因子可以方便地控制自由面网格疏密分布;通过对以上船型 Oval 形贴体自由面网格的划分,验证了 Oval 形贴体自由面网格划分程序的有效性,并说明了引入微分方程右端非齐次项可以方便地控制自由面网格沿径向的疏密分布。

第 3 章　基于时域自由面 Green 函数的计算方法研究

3.1　概　　述

借助于 George Green 的研究工作[122]，当前很多与连续介质力学相关的问题均可以采用 Green 函数法这一强有力的数学工具进行解决。利用 Green 函数法求解连续介质力学的相关问题时，需要寻找与待求解问题相对应的 Green 函数，并使其尽可能多地满足待求解问题边界条件。Green 函数法在结构力学中的应用可参见 Becker 的著作[123]，Green 函数法在水动力学中的应用可参见戴遗山的著作[7]。

本章将利用无限水深时域自由面 Green 函数，对求解直壁型船舶在波浪中航行时的运动及载荷响应这一问题进行研究。首先，在大地坐标系下建立了流体速度势所应满足的边界积分方程。其次，为实现伯努利方程中速度势时间偏导数的准确求解，引入了流体加速度势，并根据相关推导证明可以采用与求解速度势相一致的边界积分方程来进行加速度势的求解。再次，通过采用改进精细时程积分算法，并进一步引入基于九节点形函数的制表插值策略，实现了 Green 函数波动项的快速计算。最后，通过采用八节点二次高阶曲面元进行边界积分方程的离散求解，实现了速度势及加速度势的混合分布模型求解。

3.2　时域边界积分方程推导

3.2.1　扰动速度势及 Green 函数波动项的性质

为合理地描述流场和船舶的运动，选择空间固定坐标系 $Oxyz$ 和固结于浮体的坐标系 $O_b x_b y_b z_b$，如本书 2.2 节所述。在此，主要考察一个三维浮体在线性化自由面条件假定下的流场中做任意六自由度运动的情形。首先将总的流体速度势做如下分解：

$$\Phi_T(p,t) = \Phi_I + \Phi \tag{3-1}$$

式中　Φ_I——已知的入射波速度势；

　　　Φ——待求解的扰动速度势。

对于扰动速度势，根据 2.3 节所述，其应满足如下场方程、边界条件和初始条件：

$$[D] \qquad \nabla^2\Phi(p,t) = 0 \tag{3-2}$$

$$[F] \qquad \frac{\partial^2\Phi}{\partial t^2} + g\frac{\partial\Phi}{\partial z} = 0 \tag{3-3}$$

$$[R] \qquad \lim_{R\to\infty}\left(\nabla\Phi, \frac{\partial\Phi}{\partial t}, \Phi\right) = 0 \tag{3-4}$$

$$[B] \qquad \lim_{z\to-\infty}\nabla\Phi = 0 \tag{3-5}$$

$$[S] \qquad \frac{\partial\Phi}{\partial n} = V_n - \frac{\partial\Phi_I}{\partial n} \tag{3-6}$$

$$[I] \qquad \Phi\big|_{t=0} = 0, \ \frac{\partial\Phi}{\partial t}\bigg|_{t=0} = 0 \tag{3-7}$$

式中　D——流体域；

　　　F——自由表面；

　　　R——远方辐射面；

　　　B——底部表面；

　　　I——问题的初始条件；

　　　S——浮式结构物的湿表面。

根据速度势所满足的定解条件，本章选用如式（2-32）所示的无限水深自由表面 Green 函数作为边界积分方程的积分核

$$G(p,t,q,\tau) = \delta(t-\tau)G_0 + H(t-\tau)\widetilde{G} \tag{3-8}$$

$$G_0 = 1/r - 1/r' \tag{3-9}$$

$$\widetilde{G} = 2\int_0^\infty \sqrt{gk} \times e^{k(z+\zeta)}J_0(kR)\sin\left[\sqrt{gk}(t-\tau)\right]dk \tag{3-10}$$

对于 Green 函数的波动项式（3-10），其具有如下几个性质：

$$[D] \qquad \nabla_q^2\widetilde{G} = 0 \tag{3-11}$$

$$[F] \qquad \frac{\partial^2\widetilde{G}}{\partial\tau^2} + g\frac{\partial\widetilde{G}}{\partial\zeta} = 0 \tag{3-12}$$

$$[\text{B}] \qquad \lim_{z \to -\infty} \nabla \widetilde{G} = 0 \qquad\qquad (3-13)$$

$$[\text{R}] \qquad \widetilde{G}, \frac{\partial \widetilde{G}}{\partial \tau} = O\left(\frac{1}{R^3}\right) \qquad\qquad (3-14)$$

$$[\text{L}] \qquad \widetilde{G}\big|_{\tau = t} = 0 \qquad\qquad (3-15)$$

$$[\text{L}] \qquad \frac{\partial \widetilde{G}}{\partial \tau}\bigg|_{\tau = t} = -2g\frac{\partial}{\partial \zeta}\frac{1}{\sqrt{R^2 + (z + \zeta)^2}} \qquad\qquad (3-16)$$

$$[\text{F}] \qquad \frac{\partial \widetilde{G}}{\partial \tau}\bigg|_{\tau = t, \zeta = 0} = g\frac{\partial}{\partial \zeta}\left(\frac{1}{r} - \frac{1}{r'}\right) \qquad\qquad (3-17)$$

3.2.2 扰动速度势应满足的边界积分方程

设流体域 $D(t)$ 的边界由物面 $S_S(t)$、自由面 $S_F(t)$ 和远方控制面 $S_\infty(t)$ 组成。对函数 $\Phi(q, \tau)$ 和 $\widetilde{G}(p, q, t - \tau)$ 在空间域 $D(\tau)$ 中应用 Green 公式,则有

$$\int_{S(\tau)}\left[\Phi\frac{\partial \widetilde{G}}{\partial n_q} - \widetilde{G}\frac{\partial \Phi(q, \tau)}{\partial n_q}\right]\mathrm{d}S_q = 0 \qquad\qquad (3-18)$$

由扰动速度势 $\Phi(q, \tau)$ 和 Green 函数兴波部分 $\widetilde{G}(p, q, t - \tau)$ 的远方辐射条件可知,$S_\infty(\tau)$ 上的积分值为零。因此,式(3-18)只剩下物面 $S_S(\tau)$ 和自由面 $S_F(\tau)$ 上的积分。对上式,关于时间变量积分

$$\int_0^t \mathrm{d}\tau \int_{S_S(\tau) + S_F(\tau)}\left[\Phi\frac{\partial \widetilde{G}}{\partial n_q} - \widetilde{G}\frac{\partial \Phi(q, \tau)}{\partial n_q}\right]\mathrm{d}S_q = 0 \qquad\qquad (3-19)$$

对于自由面 $S_F(\tau)$,由相应的自由面条件式(3-3)和式(3-12)可知

$$\frac{\partial}{\partial n_q} = \frac{\partial}{\partial \zeta} = -\frac{1}{g}\frac{\partial^2}{\partial \tau^2}\bigg|_{S_F(\tau)} \qquad\qquad (3-20)$$

由变化率公式可知

$$\frac{\mathrm{d}}{\mathrm{d}t}\int_{a(t)} f(p, t)\mathrm{d}a = \int_{a(t)}\frac{\partial f(p, t)}{\partial t}\mathrm{d}a + \int_{l(t)}(\boldsymbol{V} \cdot \boldsymbol{N})f(p, t)\mathrm{d}l \qquad (3-21)$$

式中 $a(t)$、$l(t)$——相应的平面域、平面域的边界线;

$\boldsymbol{V}$——边界线上点的运动速度;

$\boldsymbol{N}$——边界上的单位外法向量。

由式(3-20)和式(3-21),自由面上的积分最终可以写为

$$\int_{S_F(\tau)}\left[\Phi(q, \tau)\frac{\partial \widetilde{G}(t - \tau)}{\partial n_q} - \widetilde{G}(t - \tau)\frac{\partial \Phi(q, \tau)}{\partial n_q}\right]\mathrm{d}S_q$$

$$= -\frac{1}{g} \frac{\partial}{\partial \tau} \times \int_{S_F(\tau)} \left[\Phi(q,\tau) \frac{\partial \widetilde{G}(t-\tau)}{\partial \tau} - \widetilde{G}(t-\tau) \frac{\partial \Phi(q,\tau)}{\partial \tau} \right] \mathrm{d}S_q +$$

$$\frac{1}{g} \int_{wl(\tau)} \left[\Phi(q,\tau) \frac{\partial \widetilde{G}(t-\tau)}{\partial \tau} - \widetilde{G}(t-\tau) \frac{\partial \Phi(q,\tau)}{\partial \tau} \right] \cdot V_N \mathrm{d}l_q \quad (3-22)$$

式中　$wl(\tau)$——船舶瞬时湿表面与静水面的交线;

　　　N——平面域的单位法向量,指向浮体的内部。

对式(3-22)关于时间变量积分,并利用 $\widetilde{G}$ 在自由面上的初始条件(3-17)可得

$$\int_0^t \mathrm{d}\tau \frac{-1}{g} \frac{\partial}{\partial \tau} \int_{S_F(\tau)} \left[\Phi(q,\tau) \frac{\partial \widetilde{G}(t-\tau)}{\partial \tau} - \widetilde{G}(t-\tau) \frac{\partial \Phi(q,\tau)}{\partial \tau} \right] \mathrm{d}S_q$$

$$= \frac{-1}{g} \left\{ \int_{S_F(\tau)} \left[\Phi(q,\tau) \frac{\partial \widetilde{G}(t-\tau)}{\partial \tau} - \widetilde{G}(t-\tau) \frac{\partial \Phi(q,\tau)}{\partial \tau} \right] \mathrm{d}S_q \right\} \bigg|_0^t$$

$$= \frac{-1}{g} \int_{S_F(\tau)} \Phi(q,t) g \frac{\partial}{\partial \zeta} \left(\frac{1}{r} - \frac{1}{r'} \right) \mathrm{d}S_q$$

$$= -\int_{S_F(\tau)} \Phi(q,t) \frac{\partial}{\partial \zeta} \left(\frac{1}{r} - \frac{1}{r'} \right) \mathrm{d}S_q \quad (3-23)$$

从而

$$\int_0^t \mathrm{d}\tau \iint_{S_F(\tau)} \left[\Phi(q,\tau) \frac{\partial \widetilde{G}(t-\tau)}{\partial n_q} - \widetilde{G}(t-\tau) \frac{\partial \Phi(q,\tau)}{\partial n_q} \right] \mathrm{d}S_q$$

$$= -\iint_{S_F(t)} \left[\Phi(q,t) \frac{\partial}{\partial \zeta} \left(\frac{1}{r} - \frac{1}{r'} \right) \right] \mathrm{d}S_q +$$

$$\frac{1}{g} \int_0^t \mathrm{d}\tau \int_{wl(\tau)} \left[\Phi(q,\tau) \frac{\partial \widetilde{G}(t-\tau)}{\partial \tau} - \widetilde{G}(t-\tau) \frac{\partial \Phi(q,\tau)}{\partial \tau} \right] \cdot V_N \mathrm{d}l_q$$

$$(3-24)$$

对上式右端的第一个公式应用 Green 定理,可得

$$-\int_{S_F(t)} \left[\Phi(q,t) \frac{\partial}{\partial \zeta} \left(\frac{1}{r} - \frac{1}{r'} \right) \right] \mathrm{d}S_q$$

$$= \alpha(p) \Phi(p,t) + \int_{S_b(t)} \left[\Phi(q,t) \frac{\partial}{\partial n_q} \left(\frac{1}{r} - \frac{1}{r'} \right) - \left(\frac{1}{r} - \frac{1}{r'} \right) \frac{\partial \Phi(q,\tau)}{\partial n_q} \right] \mathrm{d}S_q$$

$$(3-25)$$

式中　$\alpha(p)$——固角系数;

　　　p——域 $D(t)$ 内的一点。

由式(3-22)、式(3-24)和式(3-25),最终可得

$$\alpha(p)\Phi(p,t) + \int_{S_b(t)}\left[\Phi(q,t)\frac{\partial G^0}{\partial n_q} - G^0\frac{\partial\Phi(q,t)}{\partial n_q}\right]\mathrm{d}S_q$$

$$= \int_0^t\mathrm{d}\tau\int_{S_b(\tau)}\left[\widetilde{G}\frac{\partial\Phi(q,\tau)}{\partial n_q} - \Phi(q,\tau)\frac{\partial\widetilde{G}}{\partial n_q}\right]\mathrm{d}S_q +$$

$$\frac{1}{g}\int_0^t\mathrm{d}\tau\int_{wl(\tau)}\left[\widetilde{G}\frac{\partial\Phi(q,\tau)}{\partial\tau} - \Phi(q,\tau)\frac{\partial\widetilde{G}}{\partial\tau}\right]V_N\mathrm{d}l_q \qquad (3-26)$$

通过求解扰动速度势所满足的边界积分方程式(3-26)便可以得到流体扰动速度势在每一个面元上的值,根据总的流体速度势分解式(3-1),以及伯努利方程式(2-17),最终可以得到流场中对应位置处的压力计算表达式

$$p = -\rho\left[\frac{\partial\Phi}{\partial t} + \frac{1}{2}|\nabla\Phi|^2 + \frac{\partial\Phi_I}{\partial t} + \frac{1}{2}|\nabla\Phi_I|^2 + \nabla\Phi\cdot\nabla\Phi_I + gz\right] \qquad (3-27)$$

此处应注意,不论是线性物面边界条件还是瞬时物面条件,上式中扰动速度势的平方项均需要进行保留,以合理地考虑航速效应。

3.3　流体加速度势及其定解条件

为了得到每一时刻流场中任意一点的压力值,需要对流体扰动速度势求解时间偏导数。采用有限差分法进行求解时,为了保证数值精度和稳定性,通常需要较小的时间步长,除此之外,对于瞬时湿表面的入水出水问题,采用有限差分法很难予以合理的考虑。因此本书引入了流体加速度势,以准确计算每个时间步的速度势时间偏导数。为了采用相同的边界积分方程求解流体加速度势,要求加速度势和速度势除物面条件以外,满足相同的边界条件和初始条件[75]。与直接求解速度势的欧拉时间偏导数不同,本书定义加速度势为扰动速度势的物质导数(绝对时间偏导数),并根据速度势满足的定解条件推导出加速度势所应满足的边界条件。

3.3.1　加速度势满足的物面边界条件

物体表面上任意一点的法向速度可以写为

$$V_n = \boldsymbol{V}\cdot\boldsymbol{n} = (\boldsymbol{u} + \boldsymbol{\omega}\times\boldsymbol{r})\cdot\boldsymbol{n} \qquad (3-28)$$

式中　$\boldsymbol{u}$、$\boldsymbol{\omega}$——在固结于船体的坐标系下给出的平移速度矢量和旋转速度矢量;

　　　$\boldsymbol{r}$——物体表面上一点的位置矢量(相对于旋转中心);

　　　$\boldsymbol{n}$——物面上一点的法向量。

根据扰动速度势所需满足的物面条件式(3-6),对其等式两端在大地坐标

系下取绝对时间导数,可得

$$\frac{\mathrm{d}}{\mathrm{d}t}\left(\frac{\partial \varphi}{\partial n}\right) = \frac{\mathrm{d}}{\mathrm{d}t}\left[\left(\boldsymbol{V} - \nabla\varphi_I\right) \cdot \boldsymbol{n}\right] \tag{3-29}$$

上式左端可以写为

$$\frac{\mathrm{d}}{\mathrm{d}t}\left(\frac{\partial \varphi}{\partial n}\right) = \boldsymbol{n}\frac{\mathrm{d}\,\nabla\varphi}{\mathrm{d}t} + \frac{\mathrm{d}\boldsymbol{n}}{\mathrm{d}t} \cdot \nabla\varphi \tag{3-30}$$

由 $\mathrm{d}\boldsymbol{n}/\mathrm{d}t = \boldsymbol{\omega} \times \boldsymbol{n}$ 以及物质导数的定义可得

$$\frac{\mathrm{d}}{\mathrm{d}t}\left(\frac{\partial \varphi}{\partial n}\right) = \boldsymbol{n}\left[\frac{\partial \nabla\varphi}{\partial t} + \left(\boldsymbol{U} \cdot \nabla\varphi\right) \cdot \nabla\varphi\right] + \left(\boldsymbol{\omega} \times \boldsymbol{n}\right) \cdot \nabla\varphi \tag{3-31}$$

通过简单直接的推导,上式最终可以写为

$$\frac{\mathrm{d}}{\mathrm{d}t}\left(\frac{\partial \varphi}{\partial n}\right) = \frac{\partial}{\partial n}\left(\frac{\mathrm{d}\varphi}{\mathrm{d}t}\right) \equiv \frac{\partial \phi}{\partial n} \tag{3-32}$$

式中　ϕ——加速度势,$\phi = \mathrm{d}\varphi/\mathrm{d}t$。

由式(3-28),可以将式(3-29)右端第一项展开为

$$\frac{\mathrm{d}}{\mathrm{d}t}\left(\boldsymbol{U} \cdot \boldsymbol{n}\right) = \frac{\mathrm{d}}{\mathrm{d}t}\left[\left(\boldsymbol{u} + \boldsymbol{\omega} \times \boldsymbol{r}\right) \cdot \boldsymbol{n}\right] = \left(\dot{\boldsymbol{u}} + \dot{\boldsymbol{\omega}} \times \boldsymbol{r}\right) \cdot \boldsymbol{n} - \left(\boldsymbol{\omega} \times \boldsymbol{u}\right) \cdot \boldsymbol{n} \tag{3-33}$$

根据物质导数的定义可以将式右端第二项展开为

$$\frac{\mathrm{d}}{\mathrm{d}t}\left(\nabla\varphi_I \cdot \boldsymbol{n}\right) = \frac{\mathrm{d}\,\nabla\varphi_I}{\mathrm{d}t} \cdot \boldsymbol{n} + \nabla\varphi_I \cdot \frac{\mathrm{d}\boldsymbol{n}}{\mathrm{d}t}$$

$$= \left\{\frac{\partial \nabla\varphi_I}{\partial t} + \left[\left(\boldsymbol{u} + \boldsymbol{\omega} \times \boldsymbol{r}\right) \cdot \nabla\right]\nabla\varphi_I\right\} \cdot \boldsymbol{n} - \left(\boldsymbol{\omega} \times \nabla\varphi_I\right) \cdot \boldsymbol{n} \tag{3-34}$$

综合式(3-32)、式(3-33)、式(3-34)可得加速度势所应满足的物面条件

$$\frac{\partial \phi}{\partial n} = \left(\dot{\boldsymbol{u}} + \dot{\boldsymbol{\omega}} \times \boldsymbol{r}\right) \cdot \boldsymbol{n} - \left(\boldsymbol{\omega} \times \boldsymbol{u}\right) \cdot \boldsymbol{n} - \left\{\frac{\partial \nabla\varphi_I}{\partial t} + \left(\left(\boldsymbol{u} + \boldsymbol{\omega} \times \boldsymbol{r}\right) \cdot \nabla\right)\nabla\varphi_I\right\} \cdot$$

$$\boldsymbol{n} + \left(\boldsymbol{\omega} \times \nabla\varphi_I\right) \cdot \boldsymbol{n} \tag{3-35}$$

由上式可知,加速度势的右端项中含有船体运动的加速度,而在所要求解的时间步并不知道船体运动加速度,因此需要将船体运动加速度从方程式(3-35)的右端项中分离出来。

根据方程式(3-35),将加速度势分解为瞬时加速度势 ϕ^I 和记忆加速度势 ϕ^M,则有

$$\phi = \phi^I + \phi^M \tag{3-36}$$

二者分别满足如下边界条件:

$$\nabla\phi^I \cdot \boldsymbol{n} = \frac{\partial \phi^I}{\partial n} = \left(\dot{\boldsymbol{u}} + \dot{\boldsymbol{\omega}} \times \boldsymbol{r}\right) \cdot \boldsymbol{n} \tag{3-37}$$

$$\nabla\varphi^M \cdot \boldsymbol{n} = -(\boldsymbol{\omega}\times\boldsymbol{u})\cdot\boldsymbol{n} - \left\{\frac{\partial\nabla\varphi_I}{\partial t} + \left[(\boldsymbol{u}+\boldsymbol{\omega}\times\boldsymbol{r})\cdot\nabla\right]\nabla\varphi_I\right\}\cdot\boldsymbol{n} + (\boldsymbol{\omega}\times\nabla\varphi_I)\cdot\boldsymbol{n}$$

$$(3-38)$$

根据船舶的六自由度运动,将瞬时加速度势 φ^I 进一步做如下分解:

$$\varphi^I = \sum_{i=1}^{6}\dot{U}_i\psi_i \qquad (3-39)$$

式中 $\dot{U}_i$ ——船体在 i 模态上运动的加速度;

ψ_i —— i 模态上的单位加速度诱导的瞬时加速度势。

此外,由上式可知单位瞬时加速度势需要满足如下物面边界条件:

$$\nabla\psi_i\cdot\boldsymbol{n} = n_i,\ i = 1,2,\cdots,6 \qquad (3-40)$$

最终,利用和 Wu[124] 类似的处理方法,便可以将瞬时加速度势转化为瞬时附加质量,从而进行运动微分方程的时间步进求解。

3.3.2 加速度势满足的其他定解条件

为了不增加额外的 CPU 时间,人们希望利用与求解扰动速度势相同的边界积分方程来求解加速度势,因此要求加速度势和扰动速度势满足相同的场方程、自由面边界条件、远方辐射条件和初始条件。

将拉普拉斯算子作用于扰动速度势的定义式,可得

$$\nabla^2\varphi = \nabla^2\left(\frac{\partial\Phi}{\partial t} + \boldsymbol{V}\cdot\nabla\Phi\right) = \frac{\partial\nabla^2\Phi}{\partial t} + \boldsymbol{V}\cdot\nabla(\nabla^2\Phi) \qquad (3-41)$$

由于扰动速度势 $\nabla\Phi$ 满足拉普拉斯方程 $\nabla^2\Phi = 0$,故有

$$\nabla^2\varphi = 0 \qquad (3-42)$$

扰动速度势在平均静水面上满足线性化自由表面条件式(3-3),将加速度势的表达式代入其左端可得

$$\frac{\partial^2}{\partial t^2}\left(\frac{\partial\Phi}{\partial t} + \boldsymbol{V}\cdot\nabla\Phi\right) + g\frac{\partial}{\partial z}\left(\frac{\partial\Phi}{\partial t} + \boldsymbol{V}\cdot\nabla\Phi\right)$$

$$= \left(\frac{\partial^2}{\partial t^2}\frac{\partial\Phi}{\partial t} + \boldsymbol{V}\cdot\nabla\frac{\partial^2}{\partial t^2}\Phi\right) + g\left(\frac{\partial}{\partial z}\frac{\partial\Phi}{\partial t} + \boldsymbol{V}\cdot\nabla\frac{\partial}{\partial z}\Phi\right)$$

$$= \frac{\partial}{\partial t}\left(\frac{\partial^2\Phi}{\partial t^2} + g\frac{\partial\Phi}{\partial z}\right) + \boldsymbol{V}\cdot\nabla\left(\frac{\partial^2\Phi}{\partial t^2} + g\frac{\partial\Phi}{\partial z}\right) \qquad (3-43)$$

由于扰动速度势满足 $\partial^2\Phi/\partial t^2 + g\partial\Phi/\partial z = 0$,故加速度势亦满足线性化的自由表面条件

$$\frac{\partial^2\varphi}{\partial t^2} + g\frac{\partial\varphi}{\partial z} = 0 \qquad (3-44)$$

此外,由扰动速度势满足的远方辐射条件和底部条件可知,加速度势亦满足相同的远方辐射条件和底部条件。另外,很容易证得加速度势和扰动速度势满足相同的初始条件。至此,便可以利用与求解扰动速度势相同的边界积分方程来求解加速度势。

3.4　基于加速度势的船体运动方程求解

根据伯努利方程,流场中任意一点的压力可以表达为

$$p = -\rho\left(\frac{\partial \Phi}{\partial t} + \frac{1}{2}\mid \nabla \Phi\mid^2 + \frac{\partial \Phi_I}{\partial t} + \frac{1}{2}\mid \nabla \Phi_I\mid^2 + \nabla \Phi \cdot \nabla \Phi_I + gz \right) \quad (3-45)$$

式中　Φ——扰动速度势;

　　　Φ_I——入射波速度势。

根据加速度势的定义,上式可以进一步写为

$$p = -\rho\left(\varphi - V \cdot \nabla \Phi + \frac{1}{2}\mid \nabla \Phi\mid^2 + \frac{\partial \Phi_I}{\partial t} + \frac{1}{2}\mid \nabla \Phi_I\mid^2 + \nabla \Phi \cdot \nabla \Phi_I + gz \right)$$

$$(3-46)$$

上式中将压力沿船体的湿表面进行积分,则可以进一步得到作用于船体上的力和力矩

$$\boldsymbol{F}_i = \int_{S_B} p\boldsymbol{n}_i \mathrm{d}s \text{ for } i = 1,2,\cdots,6 \quad (3-47)$$

式中　$\boldsymbol{n} = (n_1, n_2, n_3)$;$i = 1,2,3$ 和 $i = 4,5,6$ 分别对应于在固结于船体的坐标系下描述的船舶线速度和旋转角速度。

根据 2.4 节,我们可以得到如下的船体运动方程求解表达式:

$$m\dot{\boldsymbol{u}} = \boldsymbol{F} \quad (3-48)$$

$$I\dot{\boldsymbol{\omega}} + \boldsymbol{\omega} \times (I\boldsymbol{\omega}) = \boldsymbol{M} \quad (3-49)$$

式中　$\boldsymbol{F} = (F_1, F_2, F_3)$,$\boldsymbol{M} = (F_4, F_5, F_6)$。

此处,应该注意以上两式中所有的矢量均为固结于船体坐标系下的量。因此,式(3-48)的右端项中不仅包含水动力,同时也包含重力的分量。

由于本书主要考察船舶的航速效应,因此采用线性化的船体运动方程表达式,即

$$m \frac{\partial u_i}{\partial t} = \int_S p n_i \mathrm{d}s + F_{gi} \quad (3-50)$$

$$I_{ij} \frac{\partial \omega_j}{\partial t} = \int_S p n_{i+3} \mathrm{d}s \quad (3-51)$$

此处,应注意上式中的速度势矢量和加速度矢量均为固结于浮体坐标系下的量,在计算的过程中还应该利用矢量转换矩阵式(2-3)和欧拉角速度矢量转换矩阵式(2-4)转换到空间固定坐标系下的相关量。为了与线性化的运动方程相一致,此处利用的转换矩阵均为线性化的转换矩阵。

3.5 边界积分方程的数值离散求解

3.5.1 时域自由面 Green 函数的数值计算

利用时域自由面 Green 函数求解船舶和波浪的相互作用问题时,需要在每个时间步重新计算 Green 函数的值,并且需要做相应的时间卷积积分,因此开发一种高效的 Green 函数计算方法便显得尤为重要。为此,有很多学者都进行了相关的研究,其主要可以分为三类:根据 Green 函数的振荡特性,将 Green 函数的参数区间分为若干个区域,在不同区域上采用级数逼近、级数展开、渐进展开或者解析表达,从而实现 Green 函数的分区计算;将 Green 函数转化为双参数的标准形式,通过求解其所满足的微分方程来求解 Green 函数的值;直接通过迭代高斯积分法则来求解 Green 函数的积分值,并通过制表插值来近似地求解 Green 函数值。

通过对各种计算方法的比较分析,本书主要采用 Li[125] 所提出的基于改进的精细时程积分算法进行 Green 函数的数值计算,从而实现了 Green 函数的高精度计算。为加快 Green 函数的计算效率,本书采用了一种基于九节点高阶曲面元形函数的制表差值策略,从而实现了 Green 函数的快速求解。

通过引入新的参变量,可以将时域自由表面 Green 函数的记忆项写为

$$\widetilde{G}(p,q,t) = 2\sqrt{g/r'^3}\,\hat{G}(\mu,\tau) \tag{3-52}$$

$$\hat{G}(\mu,\tau) = \int_0^\infty \sqrt{\lambda}\sin(\sqrt{\lambda}\,\tau)\,\mathrm{e}^{-\lambda\mu}J_0\big[\lambda\big(\sqrt{1-\mu^2}\big)\big]\mathrm{d}\lambda \tag{3-53}$$

式中 $\mu = -(z+\zeta)/r'$; $\tau = (t-t')\sqrt{g/r'}$; $r' = \sqrt{R^2+Z^2}$,其中,$R = r'\sqrt{1-\mu^2}$。

利用同样的方法,Green 函数的水平导数可以写为

$$\widetilde{G}_R(p,q,t) = -2\sqrt{g/r'^5}\,\hat{G}_R(\mu,\tau) \tag{3-54}$$

$$\hat{G}_R(\mu,\tau) = \int_0^\infty \sqrt{\lambda^3}\sin(\sqrt{\lambda}\,\tau)\,\mathrm{e}^{-\lambda\mu}J_1\big[\lambda\big(\sqrt{1-\mu^2}\big)\big]\mathrm{d}\lambda \tag{3-55}$$

Green 函数的垂向导数可以写为

$$\widetilde{G}_Z(p,q,t-\tau) = 2\sqrt{g/r'^5}\,\hat{G}_Z(\mu,\beta) \qquad (3-56)$$

$$\hat{G}_Z(\mu,\beta) = \int_0^\infty \sqrt{\lambda^3}\sin(\sqrt{\lambda}\beta)\mathrm{e}^{-\lambda\mu}J_0[\lambda(\sqrt{1-\mu^2})]\mathrm{d}\lambda \qquad (3-57)$$

为求解以上形式的 Green 函数及其空间导数值,Clement[57] 提出如下引理,对于双参数函数 $A_{v,l}(\mu,\tau)$,$0 \leqslant \mu \leqslant 1$,定义如下:

$$A_{v,l}(\mu,\tau) = \int_0^\infty \lambda^l \mathrm{e}^{-\lambda\mu}J_v(\lambda\sqrt{1-\mu^2})\sin(\sqrt{\lambda}\tau)\mathrm{d}\lambda \qquad (3-58)$$

是如下微分方程的解:

$$\frac{\partial^4 A_{v,l}}{\partial\tau^4} + \frac{\mu\tau\partial^3 A_{v,l}}{\partial\tau^3} + \left[\frac{\tau^2}{4}+\mu(3+2l)\right]\frac{\partial^2 A_{v,l}}{\partial\tau^2} + \left(l+\frac{5}{4}\right)\frac{\tau\partial A_{v,l}}{\partial\tau}[(l+1)^2-v^2]A_{v,l} = 0$$

$$(3-59)$$

对比式(3-53)和式(3-59)可知,$v=0$,$l=1/2$,所以 $\hat{G}(\mu,\tau)$ 满足如下四阶常微分方程:

$$\hat{G}^{(4)} + \mu\tau\,\hat{G}^{(3)} + (\tau^2/4+4\mu)\hat{G}^{(2)} + 7/4\tau\,\hat{G}^{(1)} + 9/4\,\hat{G} = 0 \qquad (3-60)$$

利用同样的方法,可以得到 Green 函数空间导数所满足的四阶微分方程。此外,Li 的研究工作表明,利用求解微分方程的途径计算 Green 函数时,只需要求解 Green 函数所满足的微分方程即可,Green 函数的水平导数和垂向导数可以通过 Green 函数及其时间偏导数的值来计算:

$$\hat{G}_Z(\mu,\tau) = -\hat{G}^{(2)}(\mu,\tau) \qquad (3-61)$$

$$\hat{G}_R(\mu,\tau) = \frac{1}{\sqrt{1-\mu^2}}\left[\frac{3}{2}\hat{G}(\mu,\tau) + \frac{\tau}{2}\hat{G}^{(1)}(\mu,\tau) + \mu\,\hat{G}^{(2)}(\mu,\tau)\right] \qquad (3-62)$$

对于如式(3-60)所示形式的四阶微分方程,本书采用了 Li 所提出的精细积分算法进行了求解。

为了避免对于不同形式的浮体在计算水动力时都需要重新计算 Green 函数,本书采用了有限单元法中的形函数对 Green 函数波动项在 $\mu-\tau$ 平面内进行了插值计算。首先将预先计算好的 Green 函数值写成二进制的表格,在计算浮体水动力时,将其预先读入计算机的内存中,并通过有限元中的插值形函数[126]对其进行插值。

九节点形函数局部节点编号如图 3.1 所示。

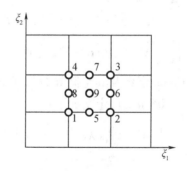

图 3.1　九节点形函数局部节点编号

根据单元内形函数插值算法,单元内的 Green 函数值可以通过节点处 Green 函数的值进行计算:

$$\hat{G}(\xi_1,\xi_2) = \sum_{j=1}^{9} N_j(\xi_1,\xi_2)\, \hat{G}_j^e \tag{3-63}$$

式中　ξ_1 和 ξ_2 分别为参数空间内的横坐标和纵坐标,各形函数定义式如下:

$$N_1 = (1-\xi_1)(1-\xi_2)(\xi_1\xi_2)/4$$
$$N_2 = (1+\xi_1)(1-\xi_2)(-\xi_1\xi_2)/4$$
$$N_3 = (1+\xi_1)(1+\xi_2)(\xi_1\xi_2)/4$$
$$N_4 = (1-\xi_1)(1+\xi_2)(-\xi_1\xi_2)/4$$
$$N_5 = (1-\xi_1^2)(1-\xi_2)(-\xi_2)/2$$
$$N_6 = (1-\xi_2^2)(1+\xi_1)(\xi_1)/2$$
$$N_7 = (1-\xi_1^2)(1+\xi_2)(\xi_2)/2$$
$$N_8 = (1-\xi_2^2)(1-\xi_1)(-\xi_1)/2$$
$$N_9 = (1-\xi_1^2)(1-\xi_2^2) \tag{3-64}$$

求解完 Green 函数及其导数的无因次值之后,Green 函数及其空间导数便可以通过下式进行计算:

$$\widetilde{G}(p,q,t-t') = 2\sqrt{\frac{g}{r'^3}}\hat{G}(\mu,\tau)$$

$$\frac{\partial \widetilde{G}(p,q,t-t')}{\partial t'} = -2\frac{g}{r'^2}\frac{\partial \hat{G}(\mu,\tau)}{\partial \tau} \tag{3-65}$$

$$\frac{\partial \widetilde{G}}{\partial x} = \frac{\partial \widetilde{G}}{\partial R}\frac{\partial R}{\partial x} = \frac{\partial \widetilde{G}}{\partial R}\frac{x-\xi}{R}$$

$$\frac{\partial \widetilde{G}}{\partial y} = \frac{\partial \widetilde{G}}{\partial R}\frac{\partial R}{\partial y} = \frac{\partial \widetilde{G}}{\partial R}\frac{y-\eta}{R} \tag{3-66}$$

$$\frac{\partial \widetilde{G}}{\partial z} = \frac{\partial \widetilde{G}}{\partial Z} \frac{\partial Z}{\partial z} = \frac{\partial \widetilde{G}}{\partial Z} \qquad (3-67)$$

通过大量的数值计算试验,本书最终确定了相应的制表参数步长。对于时间参数 τ 和空间参数 μ,其对应的节点步长分别为 $\Delta\tau = 0.01$、$\Delta\mu = 0.01$。实际浮体运动的相应计算表明,制表区间取为 $0 \leqslant \mu \leqslant 1$,$0 \leqslant \tau \leqslant 50$ 便可以满足一般的计算需求。对于时间参数超出表格的情况,则采用直接计算法进行计算。此外,根据 Clement 的研究工作可知,当参数 μ 较小时,Green 函数具有高频振荡的特性,为保证此种情况的数值计算精度,对于 $\mu < 0.01$ 的情况亦采用直接计算方法进行求解。另外,通过式(3-61)和式(3-62)可知,仅需对 Green 函数、Green 函数水平偏导数、Green 函数垂向偏导数进行值表,对于 Green 函数时间偏导数,可以通过式(3-61)和式(3-62)间接求得。

3.5.2　边界积分方程的二次高阶面元离散

Liu[106] 系统地比较了常数面元法和高阶面元法的几何收敛速度,最终发现利用多节点高阶曲面元法得到的几何收敛速率要明显优于常数面元法。因此,为了提高时域计算几何收敛速度,本书采用了双参数二阶八节点高阶曲面元[111]法进行边界积分方程的数值离散求解,如图 3.2 所示。

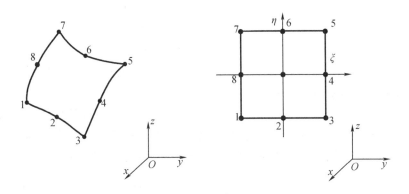

图 3.2　高阶曲面元节点投射示意图

在已知面元节点上的对应函数值之后,单元内任意一点的位置向量、速度势的值、速度势空间偏导数的值便可以通过形函数插值的形式来表达:

$$x(\xi, \eta) = \sum_{j=1}^{8} N_j(\xi, \eta) x_j \qquad (3-68)$$

$$\varphi(\xi, \eta) = \sum_{j=1}^{8} N_j(\xi, \eta) \varphi_j \qquad (3-69)$$

$$\frac{\partial \varphi(\xi,\eta)}{\partial \xi} = \sum_{j=1}^{8} \frac{\partial N_j(\xi,\eta)}{\partial \xi} \varphi_j, \quad \frac{\partial \varphi(\xi,\eta)}{\partial \eta} = \sum_{j=1}^{8} \frac{\partial N_j(\xi,\eta)}{\partial \eta} \varphi_j \quad (3-70)$$

式中, $N_j(\xi,\eta)$ 为插值形函数,

$$N_j = \begin{cases} \dfrac{1}{4}(1+\xi_j\xi)(1+\eta_j\eta)(-1+\xi_j\xi+\eta_j\eta) & j=1,3,5,7 \\[2mm] \dfrac{1}{2}(1+\xi_j\xi+\eta_j\eta)(1-\xi_j^2\eta^2-\eta_j^2\xi^2) & j=2,4,6,8 \end{cases} \quad (3-71)$$

式中　ξ、η——参数坐标的横轴和纵轴;

　　x_j、φ_j——节点位置矢量和节点速度势的值。

将上述节点形式的单元内变量表达式代入速度势和加速度势所满足的边界积分方程中,并令场点为高阶曲面元的节点,便可以获得以单元节点函数为未知量的代数方程组,最终通过 LU 分解法[127]便可以获得每一时刻节点速度势的值。

此外,由公式(3-46)可知,为获得流场中任意一点的压力值,需要计算速度势的空间导数值,此值便可以通过微积分中的链式法则进行求解。在每一时刻的边界积分方程求解完成之后,单元节点的空间坐标矢量和速度势及其法向导数均为已知值,根据高阶面元形函数,则每一节点上的空间偏导数可以通过下式进行计算:

$$\begin{bmatrix} \varphi_x \\ \varphi_y \\ \varphi_z \end{bmatrix} = \begin{bmatrix} x_\xi & y_\xi & z_\xi \\ x_\eta & y_\eta & z_\eta \\ n_x & n_y & n_z \end{bmatrix}^{-1} \begin{bmatrix} \varphi_\xi \\ \varphi_\eta \\ \varphi_n \end{bmatrix} \quad (3-72)$$

此外,每一个节点对应的面元通常不止一个,故对应节点的速度势空间偏导数为每一个临近单元偏导数的平均值。

由速度势的边界积分求解式(3-26)可知,其中含有待定的固角系数 $\alpha(p)$。本书主要采用直接计算方法对其进行求解。根据 Mantic[128]的研究工作,以场点为球心,由临近单元所截的位于流场中的球面面积可以表达为

$$S_\varepsilon = \varepsilon^2 \Big[\sum_{j=1}^{N} \alpha_j - (N-2)\pi \Big] \quad (3-73)$$

式中　α_j——相邻两个单元在球面上的夹角,如图 3.3 所示。

Mantic 通过推导发现 α_j 可以通过下式计算:

$$\alpha_j = \pi + \mathrm{sgn}[(\boldsymbol{n}_{j-1,j} \times \boldsymbol{n}_{j,j+1}) \cdot \boldsymbol{\tau}_i] \cdot \arccos(\boldsymbol{n}_{j-1,j} \cdot \boldsymbol{n}_{j,j+1}) \quad (3-74)$$

式中　$\mathrm{sgn}(x)$——符号函数。

$$\mathrm{sgn}(x) = \begin{cases} -1, & x<0 \\ 0, & x=0 \\ 1, & x>0 \end{cases} \quad (3-75)$$

$\boldsymbol{\tau}_j$ 为相邻面元相交边的切向矢量,指向场点的球心处,$\boldsymbol{n}_{j,j+1}$ 为包围场点的单元的单位法向矢量,指向单元内部为正。

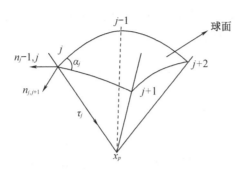

图 3.3　固角系数相关变量示意图

至此,固角系数便可以通过下式获得:

$$c_i = \frac{S_\varepsilon}{4\pi\varepsilon^2} \cdot 4\pi = \frac{S_\varepsilon}{\varepsilon^2} \qquad (3-76)$$

式中　S_ε——位于流场部分的圆球表面积。

对于 Green 函数的波动项,其在面元上的积分可以采用常规的 Gauss – Legendre 数值积分进行计算,而对于 Green 函数的瞬时项及其法向导数,由于其在面元上的积分存在奇异性,故需要进行特殊的处理。对于一阶奇异积分,本书通过采用三角极坐标变换进行奇异性的消除[129],而对于二阶奇异积分的数值,本书采用 Guiggiani 所提出的变换法则进行计算[130]。

3.5.3　船舶运动微分方程的时间步进求解

在时间领域内求解波浪和结构物的相互作用问题时,为了保证计算的精度和稳定性,通常需要选择一个合理的微分方程数值积分算法来实现步进求解。在众多的时域求解方法研究中,通常采用高阶精度的数值积分算法进行时间步进,比如四阶 Runge – Kutta 法(RK44)、五阶 Runge – Kutta – Gil 法(RKG5)、四阶 Adams – Bashforth – Moulton 法(ABM4)。ABM4 具有和 RK44 同样的数值计算精度,但是 ABM4 在每一个时间步进过程中仅需进行两次求解,而 RK44 需要进行四次类似的运算。因此,本书采用 ABM4 进行船体运动和位移的时间步进求解。

首先,采用显式 ABM4 进行速度和位移的预测:

$$\boldsymbol{u}(t+\Delta t) = \boldsymbol{u}(t) + \sum_{k=1}^{4} a_k \dot{\boldsymbol{u}}(t + \Delta t - k\Delta t) \qquad (3-77)$$

$$x(t + \Delta t) = x(t) + \sum_{k=1}^{4} a_k \dot{x}(t + \Delta t - k\Delta t) \qquad (3-78)$$

式中 $(a_1, a_2, a_3, a_4) = (55/24, -59/24, 37/24, -9/24)$。

其次,利用更新的速度和位移求解边界积分方程在 $t + \Delta t$ 的值。从而可以利用更新得到的速度势的值进行 $t + \Delta t$ 时刻位移和速度的矫正:

$$u(t + \Delta t) = u(t) + \sum_{k=1}^{4} b_k \dot{u}(t + 2\Delta t - k\Delta t) \qquad (3-79)$$

$$x(t + \Delta t) = x(t) + \sum_{k=1}^{4} b_k \dot{x}(t + 2\Delta t - k\Delta t) \qquad (3-80)$$

$$(b_1, b_2, b_3, b_4) = (9/24, 19/24, -5/24, 1/24)$$

通常可以对式(3-79)和式(3-80)进行迭代求解,以达到预期收敛精度的要求。然而实际的计算表明,仅需对隐式 ABM4 进行一次迭代计算即可达到很好的收敛度。此外,对于加速度势的数值求解,通过分离记忆加速度势和瞬时加速度势可以实现运动方程中的外力项和船体加速度的解耦,然而对于这两个未知数的求解需要求解两次边界积分方程,且边界积分方程的形式与速度势的求解式不再一致。故在问题的实际求解过程中,本书采用不分离的形式来求解加速度势,并通过隐式 ABM4 的迭代计算满足计算收敛要求。

3.6 时域自由面 Green 函数法有效性验证

至此,本章已经完成了时域自由面 Green 函数的相关计算方法推导,包括大地坐标系下扰动速度势满足的边界积分方程、流体加速度势的定解条件及其满足的边界积分方程、基于加速度势的船体运动方程求解式等。本节首先对基于九节点形函数的制表差值策略有效性进行了验证。另外,以漂浮半球强迫垂荡运动辐射波浪力、Wigley RT 型船舶兴波阻力系数、Wigley I 型船舶运动响应的数值模拟为例,来验证与时域自由面 Green 函数法相关的计算参数收敛性,包括时间步长的选取、船体网格划分的疏密,从而为实际数值模拟参数的选取提供参考。此外,通过数值模拟结果和解析解以及模型试验测量结果之间的对比,来验证所开发的数值计算机程序在求解直壁型船舶的水动力响应方面的有效性。

3.6.1 Green 函数插值算法有效性验证

利用时域自由面 Green 函数法求解波浪和航行船舶的相互作用问题时,需要大量地计算时域自由面 Green 函数及其偏导数值,因此 Green 函数的计算速度直接决定着整个时域求解系统的计算效率。为了加快时域自由面 Green 函数的计算速度,大多采用制表插值算法。与前人的研究工作不同,本书基于等步长制表特点,引入了有限元中的九节点形函数,实现了 Green 函数的快速制表插值计算,即首先将事先预算好的时域自由面 Green 函数表读入计算机内存中,然后在每一时刻通过形函数插值来求解任意时刻、任意位置的 Green 函数及其偏导数值。

为了验证基于形函数制表插值策略的有效性,本书针对不同的数据点进行了插值结果和 Li 的精细积分计算结果的对比,其中本书插值结果表示为 IN-TER,Li 的改进精细积分计算结果表示为 MDPIM,计算数据点分别取 $\mu = 0.01$、$\mu = 0.5$、$\mu = 0.9$。图 3.4 给出了 Green 函数波动项随无量纲时间变量的插值计算结果和 Li 的改进精细时程积分计算结果对比;图 3.5 给出了 Green 函数波动项水平导数随无量纲时间变量的插值计算结果和 Li 的改进精细时程积分计算结果对比。

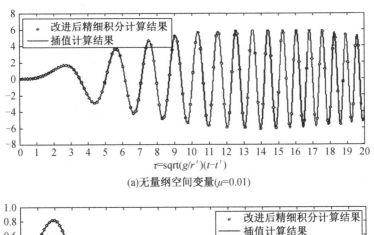

(a)无量纲空间变量(μ=0.01)

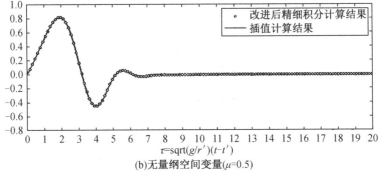

(b)无量纲空间变量(μ=0.5)

图 3.4 Green 函数波动项插值算法有效性验证 $\hat{G}(\mu,\tau)$

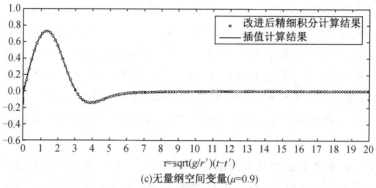

(c)无量纲空间变量(μ=0.9)

图 3.4(续)

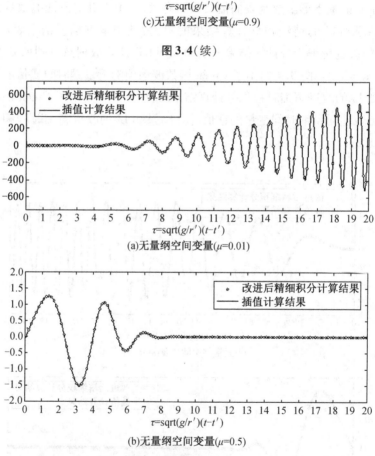

(a)无量纲空间变量(μ=0.01)

(b)无量纲空间变量(μ=0.5)

图 3.5　Green 函数波动项水平导数插值算法有效性验证 $\hat{G}_R(\mu,\tau)$

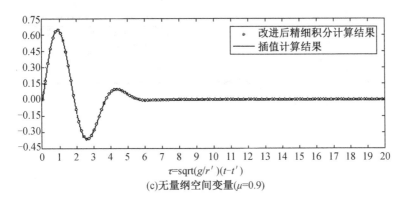

(c)无量纲空间变量(μ=0.9)

图 3.5(续)

图 3.6 给出了 Green 函数波动项垂向导数随无量纲时间变量的插值计算结果和 Li 的改进精细时程积分计算结果对比。通过图 3.4 ~ 图 3.6 可知,本书基于形函数插值算法给出的计算结果和利用 Li 的改进精细时程积分的计算结果吻合良好。但是此处需要注意的是,在得到同样多数据点的前提下,本书的插值算法计算效率至少为 Li 的改进精细时程积分算法计算效率的 3 倍。由此可见,本书提出的基于形函数的 Green 函数插值算法大幅提高了自由面 Green 函数波动项的数值计算效率。

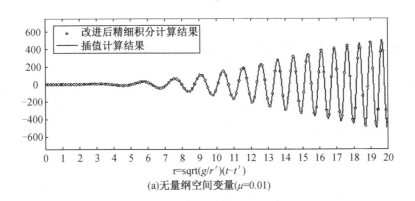

(a)无量纲空间变量(μ=0.01)

图 3.6　Green 函数波动项垂向导数插值算法有效性验证 $\hat{G}_z(\mu, \tau)$

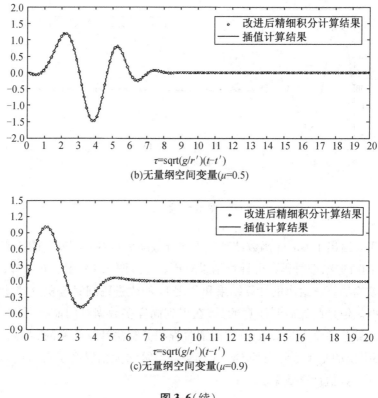

(b)无量纲空间变量(μ=0.5)

(c)无量纲空间变量(μ=0.9)

图 **3.6**(续)

3.6.2　半球强迫垂荡运动辐射波浪力模拟

Hulme[131]通过对速度势进行级数展开表达,得到了半球强迫垂荡运动的附加质量系数和阻尼系数的半解析表达式,从而根据附加质量和阻尼系数的定义可以进一步得到强迫垂荡运动辐射波浪力的半解析表达。在该算例的数值模拟中,伯努利方程采用的是线性化的形式,即不考虑方程中的平方项。Liapis[63]引入了时域辐射延迟函数,并采用时间卷积的形式求解了半球强迫垂荡运动辐射波浪力。Bingham[132]根据 Liapis 的研究工作,提出了一般形式的时域辐射延迟函数,即卷积积分中的运动参数不仅可以选为位移的一阶偏导数,同时也可以选为位移的二阶甚至更高阶的偏导数,并实现了利用脉冲响应函数的概念来求解船舶的定常兴波阻力。与前人的工作不同,本书直接求解伯努利方程,利用压力积分来直接获取半球的辐射波浪力。为准确求解伯努利方程中速度势的时间偏导数,本书引入流体加速度势,并采用以时域自由面 Green 函数为积分核的边界积分方程来进行求解。

在时域内利用边界元法求解船舶和波浪的相互作用问题时,需要选择合理的时间步长和网格离散尺度。因此,本书首先对数值模拟中的网格离散尺度收敛性进行了数值验证,不同网格划分情况见表 3.1。

表 3.1　浮体湿表面不同网格单元离散

网格名称	物面网格数	物面节点数
网格 a	25	88
网格 b	51	172
网格 c	126	405

图 3.7 给出了半球强迫垂荡运动辐射波浪力在不同湿表面节点离散数目下的对比结果,以及 Hulme 的半解析值。此处,波长的参数取为 $kR = 1.0$,k 为波数,$R = 1.0$ 为半球的半径,强迫垂荡运动幅值取为 $a/R = 0.05$,时间步长取为 $\Delta t = T/40$,T 为半球强迫垂荡运动的周期。由图 3.7 可知,利用本章所提出的数值计算方法,网格收敛速度快,湿表面离散节点数目为 Nnode $= 88$ 和 Nnode $= 172$ 之间的计算结果并无明显的差别,并且此三种网格离散情况的数值计算结果和 Hulme 的解析解均吻合很好。

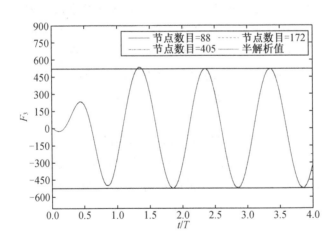

图 3.7　不同节点离散数下半球垂荡辐射波力($kR = 1.0$)

时间步长的选取不仅关系到数值模拟的精度,而且还与数值模拟的计算效率息息相关,故有必要对时间步长收敛性做必要的探索。不同时间步长下模拟的半球强迫垂荡运动辐射波浪力的计算结果如图 3.8 所示。该图中,波长参数

选为 $kR = 3.0$，强迫垂荡运动幅值选为 $a/R = 0.05$，半球湿表面离散节点数目选为 Nnode = 172。由图 3.8 可知，时间步长为 $\Delta t = T/30$ 和时间步长为 $\Delta t = T/40$ 的数值计算结果基本一致。

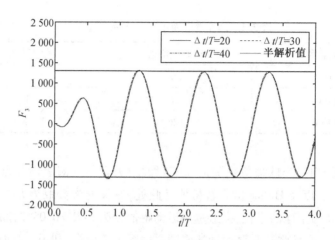

图 3.8　不同时间步长下半球垂荡辐射波力($kR = 3.0$)

　　为了较为全面地验证本章所提出的数值计算方法的准确性，本书针对不同的波长情况分别做了对应的数值计算，计算中时间步长取为 $\Delta t = T/40$，网格节点数目取 172。利用谐波分析法，对所得的强迫垂荡辐射波浪力进行傅里叶变换得到的无量纲形式的附加质量和阻尼系数分别如图 3.9 和图 3.10 所示，从图中可以看出数值解与解析值吻合良好。此处需要注意的是，对于应用 Green 函数方法求解流场问题，当波浪的频率取得比较密集的时候会出现不规则频率现象[133]，由于本书的主要问题是求解航行船舶的运动以及载荷响应，因此不对该问题进行过多的介绍。

　　通过无航速半球的强迫垂荡运动辐射波浪力的数值模拟，初步验证了本章所提出的数值计算方法对于无航速浮体波浪力的数值模拟是准确的。另外，由网格离散尺寸和时间步长收敛性验证的数值计算结果可知，本章的计算方法具有很好的几何收敛性和时间步长收敛性。

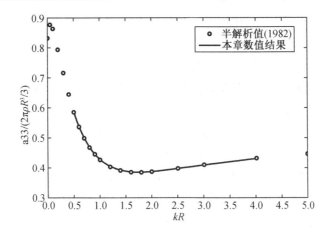

图 3.9　半球强迫垂荡运动附加质量

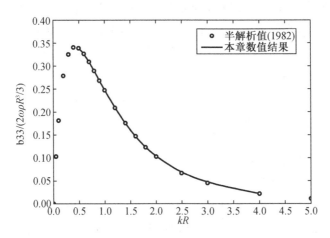

图 3.10　半球强迫垂荡运动阻尼系数

3.6.3　Wigley RT 型船舶定常兴波阻力系数模拟

本小节以 Wigley RT 型船舶为例,来初步验证本章所提出的数值计算方法在有航速问题上的适用性。由于本书速度势的边界积分方程是在大地坐标系下建立的,因此能够自然地求解船舶定常兴波势问题。由于 Wigley RT 型船舶具有解析的几何表达,且没有明显的外飘特征,因此有很多学者将该船型作为有航速问题数值算法的初步验证,比如 ITTC 会议[118]、Matusiak[119]。

船舶的定常兴波阻力系数可以按如下表达式计算:

$$C_w = \frac{F_1}{0.5\rho U^2 S} \tag{3-81}$$

式中 S——船舶的湿表面积；

ρ——流体密度；

U——船舶定常航行的速度；

F_1——流体压力在物体湿表面上的积分结果在 x 轴上的分量。

此处,将利用本章所开发的数值算法对数学 Wigley RT 型船舶的定常兴波阻力系数进行计算,并与 Matusiak 的试验值进行对比。根据 ITTC 给出的标准计算程序,试验中船舶的定常兴波阻力系数等于总的拖曳力减去船舶的黏性摩擦力。Wigley RT 型船舶的数学表达及船体水动力面元离散可参见第二章。由于已经有诸多学者对在大地坐标系下利用时域自由面 Green 函数法求解 Wigley RT 型船舶的兴波阻力系数进行过收敛性研究,故本小节不再对相关参数的收敛性进行说明,而是将重点放在加速度势的有效性验证上。在本节的数值模拟中,Wigley RT 型船体的一半在纵向划分为 $NL=50$ 份,在横向划分为 $NB=12$ 份,并最终组成为八节点二次高阶曲面元,时间步长取为 $\Delta t = T_{res}/40$,T_{res} 为阻力曲线的衰减周期。为了避免初始时刻的脉冲效应,本书将对所有的物面边界条件做如下平滑处理:

$$f_m(t) = \begin{cases} \dfrac{1}{2}\left[1 - \cos\left(\dfrac{\pi t}{T_m}\right)\right]; & t < T_m \\ 1; & t > T_m \end{cases} \quad (3-82)$$

式中 $f_m(t)$——平滑函数；

T_m——平滑周期。

图 3.11 给出了船舶在静水中以定常航速航行时的阻力时历曲线。由该图可知,在初始脉冲阶段之后,阻力曲线便以定常周期逐渐衰减,该衰减周期与 Brard 数 $\tau = U\omega/g = 1/4$ 相一致。通过理论分析可知[134],$\tau = 1/4$ 对应于航行船舶的定常兴波波系的向前传播群速度等于船舶的航行速度。此外,Wehausen[135] 详细研究了不同初始条件对于船舶定常兴波阻力系数的影响。

图 3.12 给出了不同航速下的船舶定常兴波阻力系数数值计算结果与试验测量值之间的对比。从该图中可以看出,对于中、低航速的工况,数值计算结果与试验测量值吻合良好。此外,随着船舶航行速度的增加,数值计算结果和模型试验测量值之间的差别逐渐增大,比如 $Fr=0.50$ 时的数值计算结果,但是均在可以接受的范围之内。

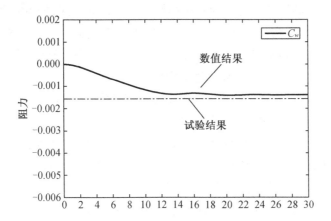

图 3.11　Wigley RT 型船定常兴波阻力时历曲线($Fr=0.3$)

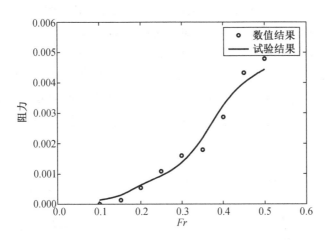

图 3.12　Wigley RT 型船不同航速下的定常兴波阻力系数

3.6.4　Wigley I 型船波浪中航行运动响应模拟

　　为验证本章所提出的数值计算方法在波浪中航行船舶运动及载荷响应方面的预报精度,以 Wigley 数学船舶为例来进行数值算法有效性的验证。Journee[120]给出了四种 Wigley 船型的数学表达式,并针对该四种 Wigley 船型做了详细的模型试验研究,包括附加质量、阻尼系数、波浪激励力、运动响应等。本章将以 Wigley I 型船舶为例,进行数值模拟结果与模型测量值之间的对比。在模型试验中,Journee 选取的 Wigley I 型船舶的主尺度参数为船长 $L=3$ m,型宽 $B=0.3$ m,吃水 $T=0.187\ 5$ m,船中剖面系数为 0.666 7。在本节的数值模拟中,Wigley I 型船舶的主尺度和 Journee 的试验模型相一致,且数值模拟中仅考虑迎浪两自由度的运动响应。为减小初始阶段对计算结果的影响,加快计算达到稳态的速度,同样在物面边界条件右端施加平滑函数。在数值模拟中,波浪幅值 A_m 的值和 Journee 进行模型试验的值相一致,根据前述计算结果,计算时间步长取 $\Delta t = T_e/40$,T_e 为波浪的遭遇周期。

在数值模拟中,网格的纵向尺寸和垂向尺寸对船舶的垂荡和纵摇影响比较大,故此处将对此两个参数的计算收敛性做适当验证。图 3.13 和图 3.14 分别给出了 Wigley I 型船舶在波浪中的垂荡和纵摇运动响应。在此两图中,一般的船体湿表面在纵向和垂向分别被离散为 $NL = 40$ 和 $ND = 8$,$NL = 46$ 和 $ND = 10$,$NL = 50$ 和 $ND = 12$。数值模拟中,入射波浪波长 λ 取为 $\lambda/L_{pp} = 1.25$,入射波浪幅值 A_m 取为 $A_m/L_{pp} = 0.01$,船舶前进速度取为 $Fr = 0.2$。由图 3.13 – 3.14 可知,不同的船体湿表面网格划分方式对于船舶的垂荡和纵摇运动响应有一定的影响,且随着网格划分节点数目的增加,计算结果逐渐趋于收敛。

通过对比图 3.13 和图 3.14 可知,船舶的纵摇运动响应在网格尺寸方面的收敛速度要明显高于船舶的垂荡运动响应,其中网格纵向划分份数 $NL = 46$ 和 $NL = 50$ 之间的差别在 5% 之内。究其原因,船舶的纵摇运动响应主要由船体湿表面的压力积分沿船体纵向分布的不均衡引起,故当入射波波长的尺寸和船体的垂线间长尺寸相当时,在纵向划分 $NL = 46$ 时便能够满足实际工程计算的需求。

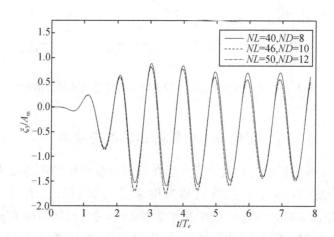

图 3.13　不同节点离散数目下垂荡运动时历($\lambda/L_{pp} = 1.25$,$Fr = 0.2$)

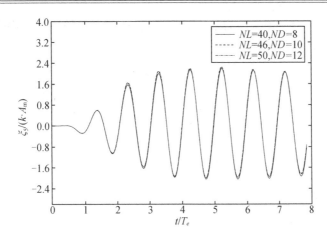

图 3.14　不同节点离散数目下纵摇运动时历（$\lambda/L_{pp}=1.25$，$Fr=0.2$）

对于船体的垂荡运动响应,不同垂向节点划分份数计算结果之间的差别显著,尤其是在运动响应曲线的波峰位置。故为满足计算收敛性的要求,本书选取船体湿表面纵向节点划分为 $NL=50$、垂向节点划分为 $ND=14$ 作为额外的算例进行了数值模拟,并与 $NL=50$ 和 $ND=12$ 的网格离散数值结果进行了对比,发现此两者之间的垂荡运动响应和纵摇运动响应之间的数值结果差别均保持在 5% 之内。故在以后的数值计算中,对于入射波波长和船体的纵向主尺度相当时的工况,船体湿表面的节点离散均选取为纵向节点划分为 $NL=50$、垂向节点划分为 $ND=12$。

为进一步验证本章所开发的数值计算方法的有效性,本书系统计算了该船舶在不同入射波波长、同一航速 $Fr=0.2$ 下的垂荡运动响应和纵摇运动响应的传递函数,分别如图 3.15 和图 3.16 所示。通过数值计算结果和模型试验测量结果之间的对比可知,利用本章所开发的算法能够很好地预报船体在波浪中航行时的运动响应。此外,通过对比此两图可知,尽管纵摇运动响应的网格尺寸收敛性要优于垂荡运动响应,但是垂荡运动响应的数值预报结果要优于纵摇运动响应的数值预报结果。对于垂荡运动响应,在入射波波长较短时,数值结果与试验测量值符合良好,但是入射波波长较长时,数值预报结果要大于试验测量值。入射波纵摇运动,当入射波的波长较长时,其数值预报结果要小于试验测量值,而且在波长、船长比接近于 1.70 时,数值模拟结果与模型试验测量值相比出现了较大的误差,其原因为在该波长、船长比附近船舶运动响应幅值较大,且该频率处近似为船舶的纵摇运动固有频率,但是本书中采用的方法是基于理想流体、物体平均湿表面的线性化计算方法,因此出现了较大的计算误差,而在纵摇运动左侧的峰值位置处数值结果和模型测量值吻合较好的原因是,该位置对应的为外界波浪激励力最大的位置,且该位置船舶运动位移的变化和波面升高的变化产生的模型误差进行了相互抵消。

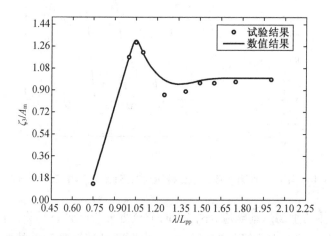

图 3.15　Wigley I 型船垂荡运动响应传递函数($Fr = 0.2$)

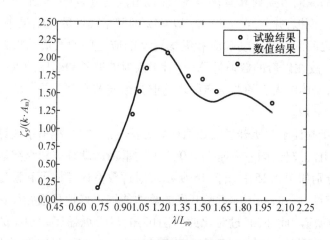

图 3.16　Wigley I 型船纵摇运动响应传递函数($Fr = 0.2$)

3.7　本章小结

本章以三维无限水深时域自由面 Green 函数为积分核,建立了求解扰动速度势的边界积分方程。为精确求解伯努利方程中扰动速度势的时间偏导数项,引入了流体加速度势,并详细推导了流体加速度势所满足的场方程和初、边值条件,最终证明加速度势的计算可以采用与求解扰动速度势相同的边界积分方程来进行求解。为加快 Green 函数的数值计算效率,提出了基于九节点等参元形函数的制表差值策略,并通过大量数值计算试验,确定了一个合理的制表范围和制表步长。此外,为加快数值计算的空间收敛性,本书采用八节点高阶曲面元实现了边界积分方程的高阶面元离散,并采用直接计算方法实现了固角系数和奇异积分的直接求解。通过采用具有四阶精度的预测 – 校正算法,实现了船体运动微分方程的稳定时间步进。

通过 Green 函数波动项及其空间偏导数的形函数制表插值计算结果和改进精细时程积分计算结果的对比,验证了制表插值算法的有效性;以自由漂浮半球强迫垂荡运动辐射波浪力为例,验证了基于加速度势求解方法的正确性,通过对不同频率范围内的附加质量和阻尼系数的计算,证明了该算法在无航速直壁型浮体求解中的有效性;以 Wigley RT 型船舶定常航行兴波阻力系数的数值模拟为例,验证了算法在有航速直壁型船舶兴波流场模拟中的有效性;以 Wigley I 型船舶在波浪中航行时的非定常运动响应为例,验证了算法在有航速直壁型船舶求解中的有效性;通过相关收敛性验证表明船体网格划分为 $NL = 50$、$NB = 12$,时间步长离散为 $\Delta t = T_e/40$,即可满足计算需求。此外,还对具有外飘特征的 S – 175 集装箱在波浪中的运动响应进行了数值模拟,但是在很短的时间内便出现了数值发散问题,说明了时域自由面 Green 函数法在外飘型船舶求解中具有局限性。

第 4 章 基于时域 Rankine 源的计算方法研究

4.1 概　　述

利用 Rankine 源作为积分核求解波浪中航行船舶波浪载荷问题时,由于所选取的 Green 函数自身不满足任何边界条件。故在利用边界元法求解时,除浮体湿表面外,还需要在其他积分边界上分布源、汇,如自由表面。此种做法的好处是 Rankine 源适用于求解形式更为复杂的自由表面条件,带来的问题是增加了额外的计算量。为了满足微分方程的定解条件,还需要实时求解速度势所满足的自由面条件,以提供一种自由表面上的边界条件。

本章将利用 Rankine 源法,对求解直壁型和外飘型船舶在波浪中航行时的运动及载荷响应这一问题进行研究。首先,在随船平动坐标系下建立了以 Rankine 源为积分核的边界积分方程。其次,通过采用双方向导数实现了自由面上速度势及波面升高空间偏导数的稳定求解,并通过分别求解自由面动力学和运动学边界条件,实现了自由面上波面升高和速度势的实时更新。再次,对利用 Rankine 源法自由面上杂波的产生机理进行了分析,并最终通过三点滤波法则实现了杂波的有效滤除。最后,通过引入频率趋于无穷时的船体附加质量系数,成功分离了船体运动方程右端的浮体加速度项,为运动方程的稳定步进求解提供了前提和基础。

4.2 速度势满足的边界积分方程

4.2.1 扰动速度势及其满足的定解条件

采用时域 Rankine 源求解波浪和结构物的相互作用问题时,需要同时对物体湿表面和自由表面进行网格离散,且流场的求解在随船平动坐标系下更为方便。根据第二章中对随船平动坐标系的定义,假定船舶的平均前进速度为 U。基于势流理论的基本假定,引入流体速度势,则在随船平动坐标系下流场中任意一点的速度矢量可以写为

$$\boldsymbol{V}(p,t) = \nabla \boldsymbol{\Phi} = \nabla \big[-Ux + \varphi(p,t) \big] \tag{4-1}$$

式中,非定常扰动速度势 $\varphi(p,t)$ 应满足如下的拉普拉斯方程:

$$\nabla^2 \varphi = 0 \tag{4-2}$$

将速度势 $\boldsymbol{\Phi}(p,t)$ 的表达式分别代入动力学自由表面条件(2-19)和运动学自由表面条件(2-20),可得非定常扰动速度势 $\varphi(p,t)$ 所应满足的自由表面条件

$$\frac{\partial \varphi}{\partial t} - U \frac{\partial \varphi}{\partial x} + \frac{1}{2} | \nabla \varphi |^2 + g\eta = 0 \tag{4-3}$$

$$\frac{\partial \eta}{\partial t} - U \frac{\partial \eta}{\partial x} + \frac{\partial \varphi}{\partial x} \frac{\partial \eta}{\partial x} + \frac{\partial \varphi}{\partial y} \frac{\partial \eta}{\partial y} - \frac{\partial \varphi}{\partial z} = 0 \tag{4-4}$$

式中 η——自由表面上任意一点的波面升高。

将速度势 $\boldsymbol{\Phi}(p,t)$ 的表达式代入对应的物面边界条件,可得非定常扰动速度势 $\varphi(p,t)$ 所应满足的物面边界条件

$$\boldsymbol{n} \cdot \nabla \varphi = Un_1 + \boldsymbol{V}_H \cdot \boldsymbol{n} - \nabla \varphi_I \cdot \boldsymbol{n} \tag{4-5}$$

式中 $\boldsymbol{V}_H$——船体相对于随船平动坐标系的非定常运动速度;

φ_I——已知的入射波速度势;

$\boldsymbol{n}$——船体湿表面上任意一点的法向矢量,指向浮体的内部为正,$\boldsymbol{n} = (n_1, n_2, n_3)$。

对于有限水深问题,扰动速度势还应满足相应的底部边界条件,根据固壁法向不可穿透条件可得

$$\boldsymbol{n} \cdot \nabla \varphi = 0 \tag{4-6}$$

此处,假定流场的底部为静止、水平的。

此外,非定常扰动速度势 $\varphi(p,t)$ 还应满足相应的远方辐射条件。根据物理

事实,可以认为扰动速度势在无穷远处的影响为零。对于时域内的步进求解,还需给出相应的初始条件。此处假设物体的初始非定常扰动为零,即 $t = 0$ 时刻有

$$\varphi = \varphi_t = 0 \tag{4-7}$$

当利用边界元法求得流体的扰动速度势 $\varphi(p,t)$ 之后,将 $\Phi(p,t)$ 的表达式代入对应的伯努利方程中便可以得到流场中任意一点的压力值

$$p = -\rho \left(\frac{\partial \varphi}{\partial t} - U \frac{\partial \varphi}{\partial x} + \frac{1}{2} |\nabla \varphi|^2 + gz \right) \tag{4-8}$$

需要注意的是,上式之中的压力计算表达式并没有包含入射波的贡献。

4.2.2 扰动速度势满足的边界积分方程

通过应用 Green 第二定理可得流体扰动速度势所应满足的边界积分方程如下:

$$C(p)\varphi(p) = \int_S \left[G(p,q) \frac{\partial}{\partial n_q} \varphi(q) - \varphi(q) \frac{\partial}{\partial n_q} G(p,q) \right] \mathrm{d}s_q \tag{4-9}$$

式中　p——场点;

　　　q——源点;

　　　$C(p)$——场点处的固角系数。

$$S = S_S + S_F + S_R + S_B$$

式中　S_S——物面;

　　　S_F——自由面;

　　　S_R——辐射面;

　　　S_B——流场底部表面。

式(4-9)中的 Green 函数选为 Rankine 源及其关于流场底部的镜像:

$$G(p,q) = \frac{1}{r} + \frac{1}{r_1} \tag{4-10}$$

式中

$$r = \sqrt{(x-\xi)^2 + (y-\eta)^2 + (z-\zeta)^2} \tag{4-11}$$

$$r_1 = \sqrt{(x-\xi)^2 + (y-\eta)^2 + (z+2H+\zeta)^2} \tag{4-12}$$

式中　H——流场底部的深度。

对于 Green 函数式(4-10),其自身满足流场的底部边界条件,因此边界积分方程式中关于池底的积分可以自动消除。

对于边界积分方程中的固角系数和影响系数,均采用第三章中高阶元相关理论进行计算。不同的是,此处的边界积分方程对应的积分边界,在浮体湿表

面上给出的是 Neumann 型边界条件,在自由表面上给出的是 Dirichlet 型边界条件,并且存在浮体湿表面和自由表面的交界边。为满足同一节点上速度势的连续条件,本书采用二重节点进行处理,节点上速度势的函数值取为自由表面上速度势的值。

4.2.3　扰动速度势边界条件的线性化处理

对于 4.2.1 所述的全非线性定解条件,受限于当前的计算机水平,通常需要做进一步的线性化处理。根据实际的物理意义,将总的流体扰动速度势 $\varphi(p,t)$ 分解为与时间无关的定常扰动速度势 $\psi(p)$ 和与时间相关的非定常扰动速度势 $\varphi'(p,t)$,即

$$\varphi(p,t) = \psi(p) + \varphi'(p,t) \tag{4-13}$$

此处,假定与时间无关的定常扰动速度势 $\psi(p,t) \sim O(1)$,与时间相关的非定常扰动速度势 $\varphi'(p,t) \sim O(\varepsilon)$,$\varepsilon$ 为无量纲的小参数,比如 ε 可以选为船舶的细长程度。此外,在不引起混淆的情况下,在后文之中直接将 $\varphi'(p,t)$ 记为 $\varphi(p,t)$。

对于定常扰动速度势 $\psi(p,t)$ 较为常用的两种做法为"Neumann – Kelvin"假定和"Double – body"假定。对于"Neumann – Kelvin"假定,只考虑定常流动中的均匀来流,而忽略浮体对流场的影响。对于"Double – body"假定,其应该满足如下的自由表面条件:

$$\frac{\partial \psi(p)}{\partial z} = 0 \tag{4-14}$$

和物面边界条件

$$\boldsymbol{n} \cdot \nabla \psi(p) = U n_1 \tag{4-15}$$

此外,定常扰动速度势 $\psi(p)$ 还需要满足对应的远方辐射条件,此处取为 $\nabla\psi(p) \to 0$ 当 $r = \sqrt{x^2 + y^2 + z^2} \to \infty$。同时,定常扰动速度势 $\psi(p)$ 还应该满足如下拉普拉斯方程:

$$\nabla^2 \psi = 0 \tag{4-16}$$

将流体扰动速度势 $\varphi(p,t)$ 的分解式代入其所应满足的自由表面条件,并且保留至一阶小量 $O(\varepsilon)$,最终可得非定常扰动速度势 $\varphi'(p,t)$ 所应满足的动力学自由表面条件

$$\frac{\partial \varphi}{\partial t} = (\boldsymbol{U} - \nabla\psi) \cdot \nabla\varphi - g\eta + \boldsymbol{U} \cdot \nabla\psi - \frac{1}{2}\nabla\psi \cdot \nabla\psi \tag{4-17}$$

和运动学自由表面条件

$$\frac{\partial \eta}{\partial t} = (\boldsymbol{U} - \nabla \psi) \cdot \nabla \eta + \frac{\partial \varphi}{\partial z} + \frac{\partial^2 \psi}{\partial z^2} \eta \qquad (4-18)$$

对于航行船舶的辐射问题,通过摄动法则,可以将准确的物面边界条件最终线性化为在浮体平均湿表面上满足[14]

$$\frac{\partial \varphi}{\partial n} = \sum_{k=1}^{6} \dot{\zeta}_k n_k + \zeta_k m_k \qquad (4-19)$$

式中 ζ_k——k 模态运动的位移;

$\quad\quad n_k$——船体的内法线矢量;

$\quad\quad m_k$——船舶的定常兴波速度势和非定常兴波速度势之间的耦合作用。

其表达式如下:

$$\boldsymbol{n} = (n_1, n_2, n_3)$$
$$\boldsymbol{r} \cdot \boldsymbol{n} = (n_4, n_5, n_6) \qquad (4-20)$$
$$(m_1, m_2, m_3) = -(\boldsymbol{n} \cdot \nabla) \boldsymbol{W}$$
$$(m_4, m_5, m_6) = -(\boldsymbol{n} \cdot \nabla)(\boldsymbol{r} \cdot \boldsymbol{W}) \qquad (4-21)$$

式中 $\boldsymbol{r}$——船体湿表面上任意一点相对于旋转中心的位置矢量,$\boldsymbol{r} = (x, y, z)$。

$\quad\quad \boldsymbol{W} = \nabla(-Ux + \psi)$。

对于波浪中航行的船舶,还需要在线性化的物面条件中增加入射波分量

$$\frac{\partial \varphi}{\partial n} = \sum_{k=1}^{6} (\dot{\zeta}_k n_k + \zeta_k m_k) - \frac{\partial \varphi_I}{\partial n} \qquad (4-22)$$

在求得流体扰动速度势后,将扰动速度势和入射波速度势一同代入伯努利方程之中,并且假定入射波速度势为一阶小量,则可得线性化的伯努利方程如下:

$$p = -\rho \left[\frac{\partial \varphi}{\partial t} - (\boldsymbol{U} - \nabla \psi) \cdot \nabla \varphi \right] - \rho \left(-\boldsymbol{U} \cdot \nabla \psi + \frac{1}{2} \nabla \psi \cdot \nabla \psi + gz \right) -$$

$$\rho \left[\frac{\partial \varphi_I}{\partial t} - (\boldsymbol{U} - \nabla \psi) \cdot \nabla \varphi_I \right] \qquad (4-23)$$

式中,右端第一项为与流体非定常扰动速度势相关的水动压力,右端第二项为与流体的定常扰动速度势相关的定常兴波压力,右端第三项为与入射波速度势相关的入射波水动压力。

4.3　自由面条件的数值离散求解

4.3.1　自由面条件的时间步进求解

在利用时间步进方法求解波浪和航行船舶的相互作用时,选择一个合适的时间步进算法不论是对算法的精度,还是对时间步进的稳定性,都是至关重要的。为了保证在时间步进积分过程中能够有比较大的稳定域,一般采用具有较高阶精度的时间步进法则。在第三章中已经对时间步进积分的一些常用算法做过简要介绍,并且最终采用了具有四阶精度的 ABM4 算法成功实现了船体运动微分方程的时间稳定步进。然而,采用 Rankine 源法求解波浪和航行船舶的相互作用问题时,对于航速较低的工况,利用 ABM4 算法对自由面条件进行时间步进能够给出比较理想的计算结果。但是对于航速比较高的工况,采用 ABM4 算法会出现时间步进过程中数值发散的现象,而采用具有四阶精度的 Runge – Kutta(RK44)算法进行自由面条件微分方程的求解则能够给出相对稳定的计算结果。为保证数值计算的统一性,本书对于所有的工况均采用 RK44 进行自由面条件的时间步进求解。为了便于算法的数学描述,将扰动速度势满足的运动学自由面条件和动力学自由面条件写成如下的数学表达式:

$$\frac{\partial \eta}{\partial t} = g(\varphi, \eta, t) \tag{4-24}$$

$$\frac{\partial \varphi}{\partial t} = f(\varphi, \eta, t) \tag{4-25}$$

根据 RK44 计算法则,在下一时刻自由面上的波面升高 $\eta_{t+\Delta t}$ 和速度势 $\varphi_{t+\Delta t}$ 可以通过下式进行计算:

$$\eta_{t+\Delta t} = \eta_t + \frac{1}{6}\Delta t(\eta_1 + 2\eta_2 + 2\eta_3 + \eta_4) \tag{4-26}$$

$$\varphi_{t+\Delta t} = \varphi_t + \frac{1}{6}\Delta t(\varphi_1 + 2\varphi_2 + 2\varphi_3 + \varphi_4) \tag{4-27}$$

式中

$$\eta_1 = g(\varphi, \eta, t), \varphi_1 = f(\varphi, \eta, t)$$
$$\eta_2 = g(\varphi + \varphi_1 \Delta t/2, \eta + \eta_1 \Delta t/2, t + \Delta t/2)$$
$$\varphi_2 = f(\varphi + \varphi_1 \Delta t/2, \eta + \eta_1 \Delta t/2, t + \Delta t/2)$$
$$\eta_3 = g(\varphi + \varphi_2 \Delta t/2, \eta + \eta_2 \Delta t/2, t + \Delta t/2)$$

$$\varphi_3 = f(\varphi + \varphi_2 \Delta t/2, \eta + \eta_2 \Delta t/2, t + \Delta t/2)$$

$$\eta_4 = g(\varphi + \varphi_3 \Delta t, \eta + \eta_3 \Delta t, t + \Delta t)$$

$$\varphi_4 = f(\varphi + \varphi_3 \Delta t, \eta + \eta_3 \Delta t, t + \Delta t) \tag{4-28}$$

由扰动速度势所满足的自由表面条件可知,$g(\varphi, \eta, t)$ 和 $f(\varphi, \eta, t)$ 中含有速度势和波面升高的一阶空间偏导数,而该空间偏导数的数值计算直接关系到时间步进过程中的稳定性。对于自由面的离散网格,由于其在船体水线附近的网格形状并不能保证为标准矩形。因此,本书采用如下形式的双方向导数[136]来间接地求解速度势及自由面波面升高的一阶空间偏导数:

$$\frac{\partial \eta}{\partial x} = \frac{1}{D} \left[\left(\frac{\partial \eta}{\partial l} \right)_1 \left(\frac{\partial y}{\partial l} \right)_2 - \left(\frac{\partial \eta}{\partial l} \right)_2 \left(\frac{\partial y}{\partial l} \right)_1 \right] \tag{4-29}$$

式中

$$D = \left(\frac{\partial x}{\partial l} \right)_1 \left(\frac{\partial y}{\partial l} \right)_2 - \left(\frac{\partial x}{\partial l} \right)_2 \left(\frac{\partial y}{\partial l} \right)_1 \tag{4-30}$$

此处,$(\partial \eta / \partial l)_1$ 和 $(\partial \eta / \partial l)_2$ 分别为自由面上的波面升高沿着结构网格两个方向上的空间方向导数。

4.3.2　自由面条件中的阻尼层分布

本书中选择的是无界流中的基本解(Rankine 源),作为 Green 函数来求解波浪和航行船舶的相互作用问题。由于 Rankine 源自身并不满足辐射条件,而且为了在计算机上进行算法的数值实现,还需要对计算域进行合理的截断,因此需要一个合理的数值算法来吸收外传波浪,以避免外传波浪的反射污染计算域[137]。

在实际的时域数值计算中,最常采用的两种方式为 Orlanski's 辐射条件和人工阻尼层。对于 Orlanski's 辐射条件,通常需要给定规则波相应的频率,而且该算法对于长波来讲非常有效。对于数值阻尼层算法,为了保证较好的波浪吸收效果,通常需要保证数值阻尼层的尺寸大于一倍的特征波长,因此该算法对于高频波浪来讲尤为有效。

本书中所采用的数值海岸的波浪吸收机理和 Shao[81] 的研究工作所采用的数值海岸的机理类似。在时间步进过程中,同时在运动学自由表面条件和动力学自由表面条件中添加阻尼因子。添加阻尼因子之后的运动学自由表面边界条件和动力学自由表面条件可以写为

$$\frac{\partial \eta}{\partial t} = g(\varphi, \eta, t) - \mu(r)\eta \tag{4-31}$$

$$\frac{\partial \varphi}{\partial t} = f(\varphi, \eta, t) - \mu(r)\varphi \tag{4-32}$$

式中　$\mu(r)$——阻尼强度。

$$\mu(r) = \mu_0 \ (r/L)^2 \qquad (4-33)$$

式中　r——计算点相对于所设置阻尼层的起始点;

　　　L——所设置阻尼层的尺寸。

4.3.3　自由面条件的低通滤波处理

利用边界元法在时域内模拟自由表面波浪时,短波不稳定性时常会导致整个时间步进过程的发散[138]。然而,至今为止仍没有一个很好的理论来对短波不稳定性产生的原因进行解释。Nakos[139]指出在他们的数值模型中,其短波不稳定性产生的原因是额外增加了波浪能量,而且增加的额外波浪分量的传播群速度和船舶的定常航行速度相一致,即共振模态。此种说法并不能很好地解释Buchmann[140]研究工作中所产生的短波不稳定性。因此,Buchmann 认为短波不稳定性产生的原因是计算在空间上的不均匀离散。

此外,Prins[141]从速度势所满足控制方程的角度给出了另外一种解释:流体速度势满足的控制方程为拉普拉斯方程,故速度势在本质上为调和函数。流体域边界上的定解条件保证了此问题的解为唯一解。分别求解拉普拉斯方程和令问题的解满足对应的流体域边界条件,可以认为是选择一个特定的调和函数,使其满足对应问题的边界条件。因此问题的解可以看作不同的调和函数以及自由面条件中微分算子的特征函数叠加。对于无航速问题,这些特征函数为调和的,并且决定了波的弥散关系式[9]。然而在有航速问题中,并不是所有的特征函数均为调和函数,一些特征函数会随着时间呈现出指数增长的趋势,一些特征函数会随着时间呈现出指数衰减的趋势。因此,在时间步进的过程中,会逐渐引入误差,从而影响数值模拟的精度,甚至导致整个模拟过程的失败。该种解释也同时说明了引入滤波算法能够有效地抑制短波不稳定性。

为了保证在滤波过程中不影响计算精度,在实际的数值模拟中大多采用多节点低通滤波来对不稳定短波进行过滤。在本书的数值计算中,对于船舶航行速度为零的工况并没有发现任何短波不稳定性,而对于有航速的工况,在自由面条件的时间步进过程中会出现较强的短波不稳定性,尤其是在船体的水线附近。

因此,本书讨论的数值模拟过程,只对有航速的工况进行滤波处理。所采用的低通滤波原理和 Buchmann 的研究工作中所采用的滤波原理一致

$$\overline{\eta}_j = \eta_j + c(\eta_{j+1} + \eta_{j-1} - 2\eta_j) \qquad (4-34)$$

式中　j——计算点的横向或者纵向的局部节点编号;

c——低通滤波的滤波强度；

η_j、$\overline{\eta}_j$——滤波前和滤波后的局部节点波面升高。

此外，η_j 还可以选为波面上节点的速度势。但实际计算表明，若对自由表面上的速度势进行滤波处理，则在滤波前和滤波后会产生压力场的突变。因此，在本书的数值计算中，仅对自由面中的波面升高进行滤波处理。

4.4 船体运动方程的进一步处理

为了快速稳定地求解波浪中航行船舶的运动响应，通常需要一个较为稳定的数值计算方法来求解船体运动微分方程。然而由第二章中的推导可知，在运动方程中右端的水动力项，隐含船体的位移速度。而目前已知的时间步进积分算法均是在假定运动微分方程的右端均为已知量的前提下进行求解的，即

$$\dot{y} = f(y,t) \tag{4-35}$$

而船体运动方程的右端却隐含未知量 $\dot{y}$。故针对上式，为了达到较高的计算精度通常需要采用迭代法则进行求解。

为了解决这一问题，Cummins[142] 根据自由表面流动的物理意义，提出了脉冲响应函数的概念，成功地分离了船体运动方程右端项中隐含的船体加速度未知量。在此后的研究中，Kring[76] 进一步将流体速度势分解为局部速度势和记忆速度势，从而分离了船体运动方程中右端项所含有的船体位移。此后 Huang[77] 进一步将该速度势的分解方法应用到了基于弱散射假定的非线性问题求解中。

Kim[143] 通过理论研究发现，求解波浪和结构物相互作用时，不稳定性主要来源于与船体运动加速度相关的脉冲运动。受此启发，本书在船体运动方程的两边同时引入了一频率趋于无穷的附加质量系数

$$m\,\dot{y} + m_\infty\,\dot{y} = f(y,t) + m_\infty\,\dot{y} \tag{4-36}$$

基于此，可以将流体扰动速度势做进一步的分解：

$$\varphi(p,t) = \varphi_1(p,t) + \varphi_2(p,t) \tag{4-37}$$

式中，$\varphi_1(p,t)$ 满足自由面条件

$$\varphi_1(p,t) = 0 \tag{4-38}$$

和物面条件

$$\frac{\partial \varphi_1(p,t)}{\partial n} = \sum_{k=1}^{6} \dot{\zeta}_k n_k \tag{4-39}$$

式中,$\dot{\zeta}_k$ 和 n_k 分别为广义的船体位移速度和广义的船体法向量。

根据频率趋于无穷时附加质量的定义,与 $\varphi_1(p,t)$ 相关的水动力最终可以写为

$$-\rho \int_S \frac{\partial \varphi_{1j}(p,t)}{\partial t} n_i \mathrm{d}s = -m_{ij}\ddot{x}_j \qquad (4-40)$$

分解式 $\varphi_2(p,t)$ 满足除 $\varphi_1(p,t)$ 以外的其他边界条件,而且由 $\varphi_1(p,t)$ 所满足的边界条件可知,$\varphi_2(p,t)$ 满足的边界条件中并不含有船体运动速度。通过此分解式的处理,船体运动方程便可以采用常规的积分法则进行求解。

4.5　时域 Rankine 源法有效性验证

本章基于前述时域 Rankine 源的计算方法,开发了相应的实用计算机程序。在求解航行船舶的波浪载荷问题时,波浪载荷主要可以分解为定常兴波、辐射兴波以及绕射兴波。此外,对于波浪中的航行船舶,还需要加入已知的入射波分量,即 Froude - Krylov 力。因此,对于本章所开发数值算法和应用程序的验证,主要从以下几个方面进行。首先,以静水中做强迫垂荡运动的半球为例,来考察本书数值算法对于无航速辐射问题模拟的有效性和稳定性。与第三章中数值结果不同的是,此处额外考察了水深变化对于辐射兴波的影响。其次,以 Wigley RT 阻力数学船型为例,来考察本书数值算法在船舶定常兴波流场模拟中的有效性和稳定性,与第三章的数值结果相比,此处将增加对兴波波形的额外考察。再次,以 Wigley I 数学船型的水动力系数模拟为例,来考察本书所开发的数值算法在船舶非定常兴波数值模拟方面的有效性和稳定性。主要对 Wigley I 型船舶的辐射兴波附加质量和阻尼系数、波浪激励力进行计算,并对相关参数的设置进行敏感性分析。最后,以 Wigley I 型船舶和实际的 S - 175 集装箱船舶为例,对其在波浪中航行时的运动响应进行数值计算,并通过试验值进行有效性检验,从而说明时域 Rankine 源法在外飘型船舶水动力数值模拟中的有效性。

4.5.1　半球强迫垂荡运动辐射波浪力模拟

在本书的第三章中,已经利用基于时域自由面 Green 函数的相关计算方法对半球在静水中做强迫垂荡运动的辐射波浪力进行了研究,并对时间步长和网格收敛性进行了分析。根据第三章的计算结果,本章直接选取半球离散单元数

目为405。尽管第三章中已经对时间步长的选取给出了相关建议,但是由于时域 Rankine 源方法的数值计算需要对部分贴体自由面进行网格离散,并且除了物体表面之外还需要对离散的自由表面进行时间步进积分,因此,有必要对离散自由面网格的尺寸和时间步长进行收敛性分析。

根据半球的形状,选择 Oval 形贴体自由面进行离散,自由面计算域的截断半径为 $5R$,漂浮半球半径为 $R=1.0$,半球湿表面离散单元数量为405,整个自由面网格的离散情况为半周向离散 40 份、径向离散 50 份,其中每两份分段组成一个二次曲面元。为了保证充分吸收外传波浪,阻尼层尺寸选取为特征波长的两倍。自由面网格离散及阻尼层的分布如图 4.1 所示。

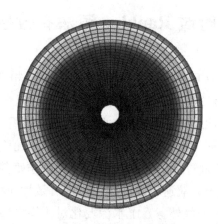

图 4.1　自由面网格离散及阻尼分布

根据如上的网格离散情况,针对不同的离散时间步长,所模拟得到的半球强迫垂荡运动辐射波浪力的时历曲线如图 4.2 所示。该图中波数选为 $kR=3.0$,强迫垂荡运动幅值选为 $a/R=0.05$。由图 4.2 可知,基于时域 Rankine 源方法的数值算法具有很好的时间收敛性,时间步长取为 $\Delta t=T/60$ 和时间步长取为 $\Delta t=T/80$ 时的数值计算结果之间并没有明显的差别,稳定段的数值结果之间的差别始终保持在3%以内,且均与 Hulme 提供的解析解吻合良好。因此对于无航速情形,时间步长取为 $\Delta t=T/60$ 即可满足时间收敛性的要求。

为了在满足计算精度要求的前提下尽可能减少计算量,本书还对自由面离散单元的尺寸进行了相关的收敛性检验。不同的自由面离散情况见表 4.1。

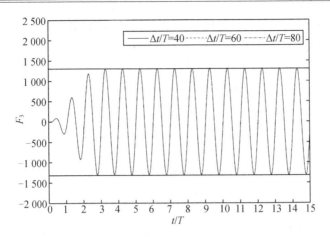

图 4.2 不同时间步长下半球垂荡辐射波力($kR = 3.0$)

表 4.1 自由表面不同网格单元离散

网格名称	径向密度	法向密度
网格 a	30	40
网格 b	40	40
网格 c	50	40

根据表 4.1 给出的不同自由面网格离散情况,数值计算得到的半球强迫垂荡运动辐射波浪力如图 4.3 所示。在图 4.3 中,半球强迫垂荡运动的幅值和周期与时间收敛性检验的情况一致。由图 4.3 可知,自由面径向离散为 40 份和径向离散为 50 份之间的计算结果吻合良好,稳定段的差别始终保持在 3% 以内,且均与 Hulme 提供的解析解吻合良好,故对于无航速的计算情形,比如海洋平台,自由面半周离散为 40 份、径向离散为 40 份即可满足自由面网格离散收敛性的需求。此外应该注意的是,对于网格疏密控制参数,此处的选取为 $a_n = 0.5$,$c_n = 0.001$。

对于海洋工程结构来说,除了关心浮体的运动和载荷响应外,还比较关注浮体周围的波面升高,此处以半球在静水中的强迫垂荡运动为例进行了相关探讨,同时对阻尼区尺寸的影响做了适当的研究。半球强垂荡运动的时间步长取为 $\Delta t = T/60$,自由面网格的离散取为网格 b。不同阻尼层尺寸下计算得到的波面升高如图 4.4 所示。由图 4.4 可知,当阻尼层的尺寸设置为 0.5 倍的波长时,由于阻尼层不能充分地吸收外传辐射波浪,使得外传波浪在截断处反射,从而部分波面升高失真。然而,阻尼层尺寸为 1.0 和阻尼层尺寸为 2.0 之间计算得到的波面升高并没有明显的差别。因此,在实际的数值模拟中,将阻尼层的尺寸设置为 1.0~2.0,便能够保证很好的外传波浪吸收效果。

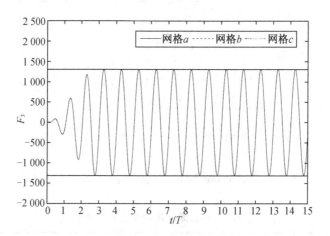

图 4.3 不同自由面离散下半球垂荡辐射波力($kR = 3.0$)

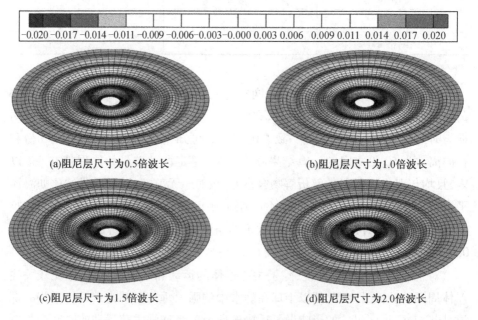

(a)阻尼层尺寸为0.5倍波长   (b)阻尼层尺寸为1.0倍波长

(c)阻尼层尺寸为1.5倍波长   (d)阻尼层尺寸为2.0倍波长

图 4.4 不同阻尼层尺寸下得到的波面升高($kR = 3.0$)

为了进一步检验本章相关方法的准确性和有效性,对不同波长下的半球强迫垂荡运动的附加质量和阻尼系数进行了数值模拟。在数值计算中,自由面网格离散为网格 b,自由面截断域为 $5R$,时间步长取为 $\Delta t = T/60$,阻尼层的尺寸设置为 1.5 倍的波长。不同波长下得到的半球附加质量和阻尼系数分别如图 4.5 和 4.6 所示。由此两图可知,本书的相关方法以及所开发的相关程序具有很好的计算精度。此外,本书还对水深对半球强迫垂荡运动辐射波浪力的影响进行了研究,不同水深下得到的半球强迫垂荡辐射波浪力如图 4.7 所示。由图 4.7 可知,对于不同的计算水深,本书开发的数值计算方法均能给出比较稳定的数值计算结果,且随着计算水深的增加,半球强迫垂荡运动辐射波浪力的幅值明显减小。刘昌凤[70]利用基于有限水深时域自由面 Green 函数,在模拟不同水深下的半球强迫垂荡运动辐射波浪力时也得出了同样的结论。

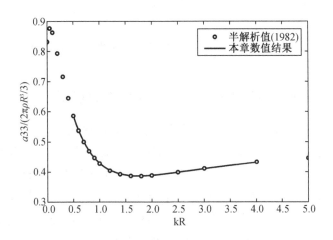

图 4.5　半球强迫垂荡运动附加质量

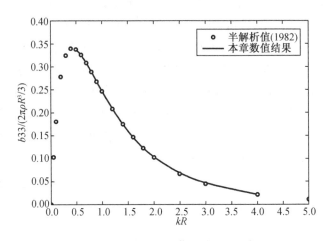

图 4.6　半球强迫垂荡运动阻尼系数

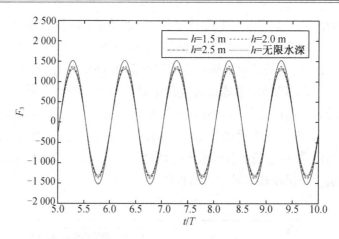

图 4.7 不同水深下半球垂荡辐射波力($kR = 3.0$)

4.5.2 Wigley RT 型船定常兴波阻力系数模拟

船舶的兴波阻力是指船舶在波浪中以航速 U 在静水中定常航行时,所承受的波浪载荷在船舶纵向方向上的分量。对于兴波阻力的计算,不仅可以直接将水动压力沿船体的湿表面进行积分得到,同时也可以采用基于动量守恒定理和能量守恒定理的远场法进行求解[144]。此外也可以采用 Chen[145] 所提出的中场法进行求解。本书主要采用压力直接积分法则进行求解。对于 Wigley RT 型船舶的数学表达式、阻力系数的定义,以及相关试验值的来源在本书的第三章中已经进行过描述。本节将主要针对基于时域 Rankine 源方法的船舶阻力计算相关参数收敛性进行研究,包括自由面截断距离、时间步长以及滤波强度。

与无航速的半球不同,此处为了便于应用双方向导数差分法则,自由面的形状选取为矩形域,如图 4.8 所示。此外,通过大量的数值试验表明,对于常规波浪频率的水动力载荷计算,计算自由面的截断域选取为船舶 x 轴下游向后延伸 $2.0\ L_{pp}$,y 轴延伸 $2.0\ L_{pp}$,x 轴上游向前延伸 $1.0\ L_{pp}$,即可满足计算精度的要求。当 Brard number $\tau = U\omega_e/g > 0.25$ 时,对于自由面截断域下游产生的反射波浪,其向前传播的群速度要小于船舶的定常航行速度[8],因此下游产生的反射波浪对于实际的数值模拟并不会产生影响。故此时数值模拟的精度和稳定性主要取决于自由面横向截断域的尺寸。

图 4.8　矩形自由面截断域示意图

　　不同自由面横向截断尺寸下数值模拟得到的船舶定常兴波阻力系数时历曲线如图 4.9 所示。在该算例的数值模拟中,Wigley RT 型船体的一半在纵向划分为 $NL = 50$ 份、在横向划分为 $NB = 10$ 份,船舶的定常航行速度取为 $Fr = 0.3$,自由面在船体下游的截断距离取为 2 倍的垂线间长,自由面在船体上游的截断距离取为 1 倍的垂线间长,滤波强度取为 $c = 0.02$,数值模拟的时间步进长度取为 $\Delta t = T_{res}/200$,此处 T_{res} 为船舶定常航行时阻力曲线的衰减周期,根据第三章中给出的相关分析可知 $T_{res} = 8\pi U/g$,其对应于 Brard number $\tau = U\omega_e/g = 0.25$。此外,为了研究自由面横向阶段尺寸对于兴波阻力计算结果的影响,此处将人工阻尼层的阻尼强度设置为零。由图 4.9 可知,对于兴波阻力的数值模拟,当自由面的横向截断尺寸大于 $1.5\,L_{pp}$ 时即可满足精度和稳定性的要求,而过短的横向自由面截断尺寸则会导致截断边界处的反射波浪污染计算区域,比如横向截断尺寸为 $0.5\,L_{pp}$ 时。

图 4.9　不同自由面横向截断尺寸下的定常兴波阻力时历曲线($Fr = 0.3$)

为了进一步说明该问题,图 4.10 给出了不同自由面横向截断尺寸下得到的船舶定常航行时的波面升高。由图 4.10 可知,当自由面的横向截断尺寸为 $1.5\ L_{pp}$ 时得到的定常兴波波面升高与自由面的横向截断尺寸为 $2.5\ L_{pp}$ 时计算得到的定常兴波波面升高基本一致。

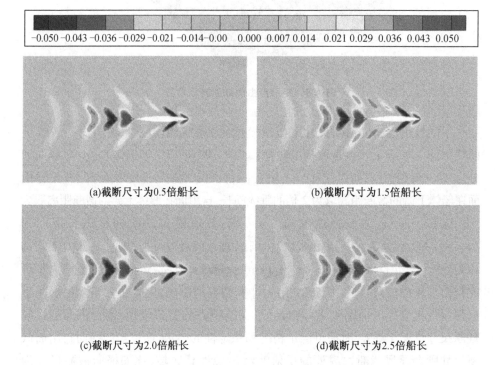

-0.050 -0.043 -0.036 -0.029 -0.021 -0.014 -0.00 0.000 0.007 0.014 0.021 0.029 0.036 0.043 0.050

(a)截断尺寸为0.5倍船长　　　　　　　(b)截断尺寸为1.5倍船长

(c)截断尺寸为2.0倍船长　　　　　　　(d)截断尺寸为2.5倍船长

图 4.10　不同自由面横向截断尺寸下的定常兴波波面升高($Fr=0.3$)

在对自由面的横向截断尺寸进行收敛性验证之后,本书进一步对数值模拟过程中的时间步长收敛性进行了研究。图 4.11 给出了不同时间步长下的 Wigley RT 船兴波阻力系数变化时历曲线,在该图中自由面的横向截断尺寸取为 $1.5\ L_{pp}$,滤波强度取为 $c=0.02$。由该图可知,基于时域 Rankine 源法的计算方法具有很好的时间步长收敛性,尽管对于不同的时间步长得出的兴波阻力系数之间有一定的差别,但是差别仍保持在较小的范围内。因此,对于一般的计算时间步进长度取为 $\Delta t = T_{res}/200$ 即可同时满足计算精度和稳定性的要求,并且兼顾计算效率的需求。

此外,图 4.12 给出了不同滤波强度下数值模拟得到的 Wigley RT 型船的兴波阻力系数时历曲线,在该图中自由面的横向截断尺寸取为 $1.5\ L_{pp}$,时间步长取为 $\Delta t = T_{res}/200$。由图 4.12 可知,不同滤波强度给出的兴波阻力系数时历曲线之间存在一定的差别,但是均在可接受的范围内,因此对于一般的计算可将滤波强度取为 $c=0.02$。为了进一步说明滤波强度对于船舶兴波的影响,图 4.13 给出了不同滤波强度下得到的 Wigley RT 型船舶的定常兴波波面升高。由图 4.13 可知,一个合理的滤波强度不仅可以有效地消除短波不稳定性,保证数值模拟的准确性和稳定性,同时还可以给出光滑的兴波自由面波形。

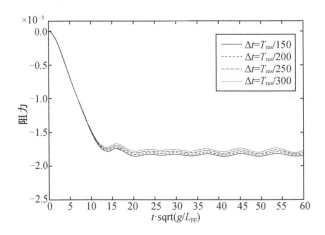

图 4.11 不同时间步长下定常兴波阻力系数($Fr = 0.3$)

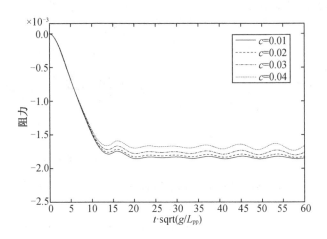

图 4.12 不同滤波强度下定常兴波阻力系数($Fr = 0.3$)

为了进一步说明本章时域 Rankine 源算法对于定常航行船舶的定常兴波流场模拟的准确性和稳定性,对 Wigley RT 船舶在不同的定常航行速度下的兴波阻力系数进行了计算。不同航速下得到的兴波阻力系数见图 4.14,在该图中,自由面在船体下游的截断距离为 $2.0\,L_{pp}$,在船体的上游截断距离为 $1.0\,L_{pp}$,在船的横向截断距离为 $1.5\,L_{pp}$。在数值模拟过程中,与前述收敛性检验一样,船舶由初始的静止状态逐渐转变为定常航行的速度。根据 Liu[146] 的计算建议,在进行船舶的兴波阻力计算时,船体网格尺寸的选取主要由两方面来决定:第一是网格尺寸要能够合理地描述船舶的定常兴波,即要保证在一个波长范围内最少有 5 个节点,对于定常兴波,其对应的波长为 $\lambda = 32\pi U^2/g$,此种条件一般都能得到满足;第二是船舶在一个时间步内向前航行的距离要小于网格在该方向上的主尺寸,即通常要保证 $\Delta l/(U\Delta t)\approx 2\sim 3$。因此在此节的计算中,时间步长选取为 $\Delta t = T_{res}/200$ 和 $\Delta t = \Delta l/(3U)$ 之中的较小者。

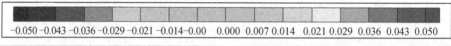

(a)滤波强度取为c=0.01

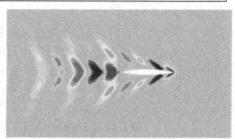
(b)滤波强度取为c=0.02

(c)滤波强度取为c=0.03

(d)滤波强度取为c=0.04

图 4.13　不同滤波强度下的定常兴波波面升高($Fr=0.3$)

通过对比图 4.14 和图 3.9 可知,对于航速不太高的情况($Fr<0.3$),基于时域自由面 Green 函数方法和基于时域 Rankine 源计算方法给出的数值模拟结果均与试验值吻合良好,然而对于航速较高的情况($Fr>0.3$),与基于时域自由面 Green 函数的计算结果相比,基于时域 Rankine 源方法给出的模拟结果更为准确合理。

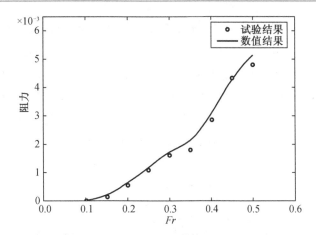

图 4.14　Wigley RT 型船不同航速下定常兴波阻力系数

4.5.3　Wigley I 型船波浪中航行运动响应模拟

　　为了进一步验证本章所提出的数值算法在求解波浪中航行船舶非定常运动时的稳定性和有效性,此处以 Wigley I 型船舶在波浪中航行时的非定常波浪力以及船体运动响应为例来进行研究。在第二章中已经对该船舶的数学解析表达式以及试验值的来源进行过描述,并且在第三章中对船体湿表面网格尺寸收敛性进行了相关验证。此处将着重探讨和时域 Rankine 源法相关计算参数的收敛性,包括自由面网格的划分、时间步长的选取以及数值滤波强度的设定,从而为应用本章的计算方法进行波浪载荷和运动响应数值模拟时的参数选取提供参考。同第三章,此处仅对船舶在垂向和纵摇两个方向设置自由度,而限制其他方向的运动。同时,除特别说明外,在本节的所有航速数值模拟中,船体湿表面的离散情况均为 $NL=50$、$NB=12$,自由面的计算形状均选择为矩形域,且自由面的截断选取均为船舶 x 轴下游向后延伸 $2.0\,L_{\mathrm{pp}}$,y 轴延伸 $2.0\,L_{\mathrm{pp}}$,x 轴上游向前延伸 $1.0\,L_{\mathrm{pp}}$,如图 4.15 所示。

　　利用时域 Rankine 源方法进行船舶运动和波浪载荷的数值计算时,其中自由面上的网格数目在总的计算网格中占有很大的比例,故缩减自由面上的网格数目能够有效地减小系数矩阵未知量数目,从而提高计算效率。对于矩形贴体自由面网格,本书主要采用比例缩减因子 γ 和最大比例因子 $\gamma_{\max}$ 来控制自由面上的网格疏密分布和网格离散数目,即在网格生成时,网格尺寸在横向和纵向上呈 γ^{j-1} 的倍数递增,当 $\gamma^{j-1}>\gamma_{\max}$ 时,将比例因子直接设置成 $\gamma_{\max}$。图 4.16 给出了不同的比例缩减因子 γ 和最大比例因子 $\gamma_{\max}$ 对于船舶强迫垂荡运动辐射波浪力的影响。在计算中,强迫垂荡运动的频率取为 $\omega \sqrt{L_{pp}/g} = 3.32$。强迫垂荡运动的幅值取为 $a/L_{pp} = 0.01$,船舶的航速取为 $F_n = U/\sqrt{gL_{pp}} = 0.3$,时间步进长度取为 $\Delta t = T/80$,滤波强度取为 $c = 0.02$。此外,为了避免初始扰动的影响,速度势的物面边界条件上作用一平滑函数,平滑周期取为强迫垂荡运动周期的 2 倍。由图 4.16 可知,垂荡和纵摇辐射波浪力随着自由面网格数目的增加逐渐收敛,且不同的自由面网格形式之间的计算结果并没有明显的差别。

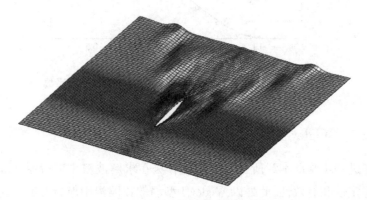

图 4.15　矩形自由面截断域示意图

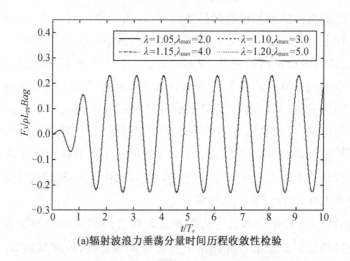

(a)辐射波浪力垂荡分量时间历程收敛性检验

图 4.16　自由面离散格式对辐射波浪力的影响($Fr = 0.3$)

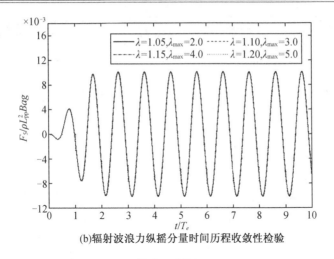

(b)辐射波浪力纵摇分量时间历程收敛性检验

图 4.16(续)

　　为了进一步说明不同比例缩减因子 γ 和最大比例因子 γ_{max} 对于计算结果的影响,图 4.17 给出了不同的自由面网格控制参数下计算得到的波面升高,图片的长宽比设定为 4:3。由图 4.17 可知,尽管不同的自由离散形式给出的辐射波浪力具有很好的收敛性,但是不同的网格离散情况给出的波面升高之间具有较为明显的差别。然而,此处需要注意的是,第一种网格划分形式半个自由面上未知数为 7425,而最后一种网格划分形式半个自由面上未知数为 2 511,在得到几乎同样精度的计算结果前提下,未知量的数目后者约为前者的三分之一。故在后文的计算中,为了保证计算的收敛性且同时兼顾计算效率,自由面离散参数取为 $\gamma = 1.10, \gamma_{max} = 3.0$。

　　对于给定航速下船体运动响应的数值模拟,时间步长的选择同样会影响计算结果的收敛性以及计算效率。为此,本书对不同时间步长下的船舶强迫垂荡运动辐射波浪力的收敛性进行了相应的研究。不同时间步进长度下得到的强迫垂荡运动辐射波浪力和波浪力矩如图 4.18 所示。由图 4.18 可知,强迫垂荡运动辐射波浪力随着时间步长的变小很快趋于收敛,但是纵摇辐射波浪力矩的收敛速度要慢于垂荡辐射波浪力的收敛速度。故在后文的计算中为了保证计算的收敛性以及兼顾计算效率,除非特殊声明,计算时间步进长度均取为 $\Delta t / T = 150$。

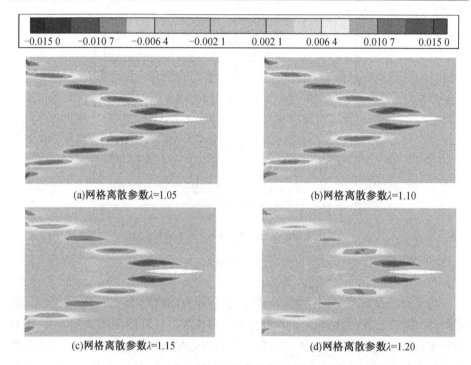

(a)网格离散参数λ=1.05　　　　　　　　(b)网格离散参数λ=1.10

(c)网格离散参数λ=1.15　　　　　　　　(d)网格离散参数λ=1.20

图4.17　不同自由面离散形式下的辐射兴波波面升高($Fr = 0.3$)

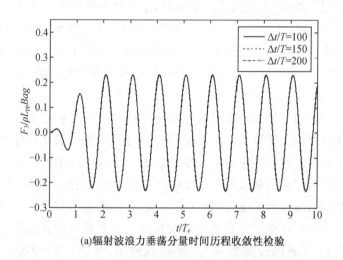

(a)辐射波浪力垂荡分量时间历程收敛性检验

图4.18　时间步进长度对辐射波浪力的影响($Fr = 0.3$)

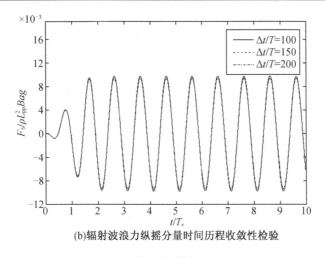

(b)辐射波浪力纵摇分量时间历程收敛性检验

图 4.18(续)

应用本节前述的计算参数收敛性检验结果,对 Wigley I 型船舶的辐射波浪力水动力系数进行了数值模拟,包括附加质量系数和阻尼系数,其中频域附加质量系数和阻尼系数通过对辐射波浪力(矩)时历进行傅里叶变换得到。图 4.19 和图 4.20 分别给出了航行船舶强迫垂荡运动所引起的在垂向方向上的波浪力和波浪力矩。图 4.21 和图 4.22 分别给出了航行船舶强迫纵摇运动所引起的在垂向方向上的波浪力和力矩。由图可知,本章所开发的数值算法对于航行船舶的强迫垂荡和纵摇运动辐射波浪力和波浪力矩能给出比较合理的数值预报结果。但是可以注意到在低频位置处的数值结果误差相对明显,分析其原因为本书采用的是 Neumann – Kelvin 线性化假定,而该位置船舶的定场兴波速度势和非定场速度势的耦合作用影响较大,因此表现出了较大的模型误差。

船舶在波浪中航行的波浪载荷问题通常可以分解为定常波浪力、辐射波浪力和波浪激励力,在本章前部分已经对定常波浪力和辐射波浪力的有效性进行过检验。因此,此处有必要对波浪激励力的准确性进行研究。为此本书采取 2.3.4 所描述的入射波作为入射波浪进行波浪激励力的有效性验证,入射波的波幅取为船长的 0.01 倍。

图 4.23 给出了不同波长下数值计算得到的垂荡波浪力的幅值和相位,以及和 Journee 提供的试验值的对比。由图 4.23 可知,数值计算得到的垂荡波浪激励力的幅值和相位均与试验值吻合良好,能够给出令人满意的工程计算精度。

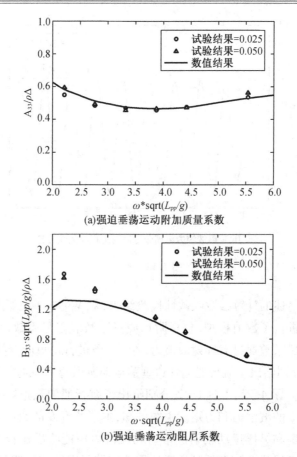

(a)强迫垂荡运动附加质量系数

(b)强迫垂荡运动阻尼系数

图4.19　强迫垂荡运动垂向波浪力水动力系数($Fr=0.3$)

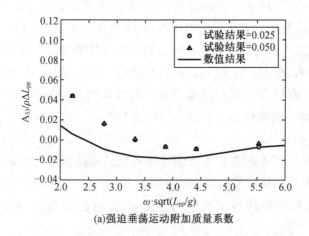

(a)强迫垂荡运动附加质量系数

图4.20　强迫垂荡运动纵摇波浪力水动力系数($Fr=0.3$)

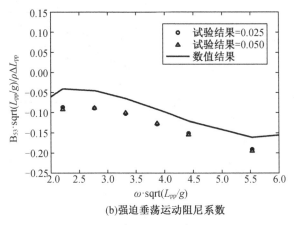

(b)强迫垂荡运动阻尼系数

图 4.20(续)

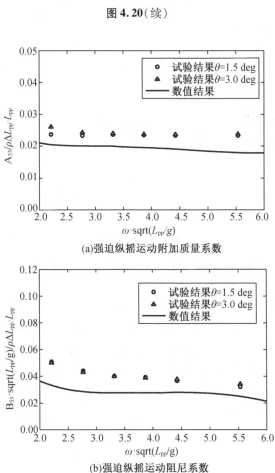

(a)强迫纵摇运动附加质量系数

(b)强迫纵摇运动阻尼系数

图 4.21　强迫纵摇运动纵摇波浪力水动力系数($Fr = 0.3$)

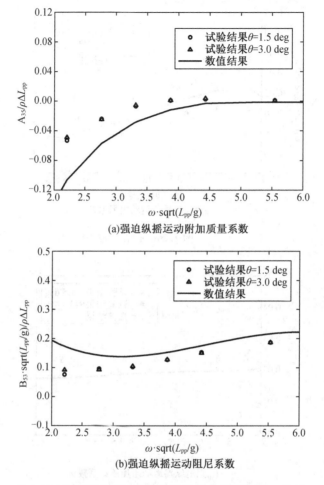

(a)强迫纵摇运动附加质量系数

(b)强迫纵摇运动阻尼系数

图 4.22　强迫纵摇运动垂荡波浪力水动力系数($Fr = 0.3$)

同样,图 4.24 给出了不同入射波波长下得到的波浪纵摇力矩的幅值和相位,以及 Journee 提供的试验值。由图 2.4 可知,数值计算得到的纵摇波浪激励力的幅值和相位均与试验值吻合良好,能够给出令人满意的数值计算结果。但是与垂荡波浪激励力给出的数值预报结果相比较而言,纵摇波浪激励力相位的数值预报结果与试验测量值相比在波长较短时误差相对较大,但是纵摇波浪激励力的幅值与试验测量值吻合较好,造成此种现象的原因目前尚不能给出一种比较合理的解释。

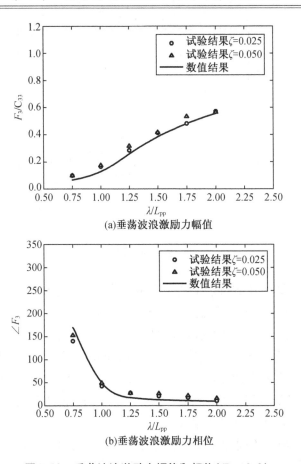

(a)垂荡波浪激励力幅值

(b)垂荡波浪激励力相位

图 4.23 垂荡波浪激励力幅值和相位($Fr = 0.3$)

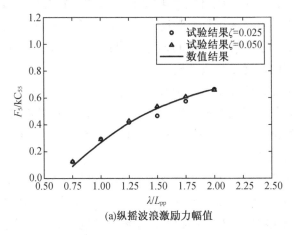

(a)纵摇波浪激励力幅值

图 4.24 纵摇波浪激励力幅值和相位($Fr = 0.3$)

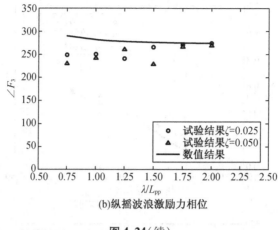

(b)纵摇波浪激励力相位

图 4.24(续)

至此,本章算法在航行船舶所承受的定常波浪力、辐射波浪力以及波浪激励力方面的计算收敛性和准确性已得到较好验证。

此处,将针对波浪中自由航行船舶运动响应进行数值模拟,为了与 Journee 提供的试验测量值进行对比,仅在垂荡运动和纵摇运动两个方向上设置自由度,而限制其他方向上的船体运动。同样,入射波的波幅取为船长的 0.01 倍。在利用 RK44 进行时间步进时,需要在每一时间步内求解四次边界积分方程,故时间步长的大小直接影响着计算效率。

图 4.25 给出了不同时间步长下数值计算得到的船体的垂荡和纵摇运动响应时历。由图 4.25 可知,船体在波浪中航行时的运动响应和总的波面升高随时间步的增加很快趋于收敛,且整体收敛速度要快于针对各个波浪力分量进行数值模拟的收敛速度。为了更直观地表明时间步长对于船舶兴波流场的影响,不同时间步长下船舶在波浪中航行时总的自由表面升高如图 4.26 所示,可知其同样具有很好的时间步长收敛性。

为了较为全面地验证本章数值算法在波浪中自由航行船舶运动模拟时的准确性,针对不同的波长、船长比进行了数值模拟。通过谐波分析方法,本章将所得的时历曲线进行傅里叶变换,进一步得到了不同波长、船长比下航行船舶的运动响应幅值以及响应的相位。

不同的入射波波长下得到的船舶垂荡运动幅频响应算子如图 4.27 所示。由图可知,利用基于本章 Rankine 源计算方法所开发的数值计算方法所模拟的船舶垂荡运动响应幅值与相应的模型试验测量值吻合良好,能够满足实际的工程计算精度需求。

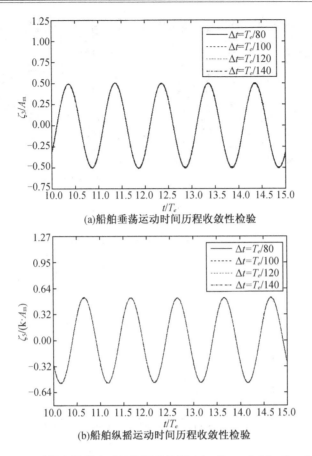

(a)船舶垂荡运动时间历程收敛性检验

(b)船舶纵摇运动时间历程收敛性检验

图 4.25　时间步进长度对船体运动的影响($\lambda/L_{\mathrm{pp}} = 1.00$, $Fr = 0.3$)

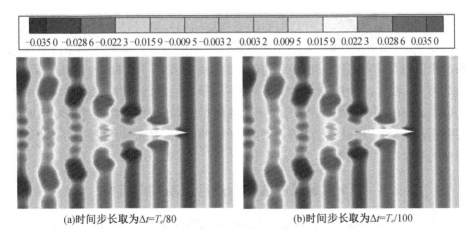

(a)时间步长取为$\Delta t = T_e/80$　　　　　　(b)时间步长取为$\Delta t = T_e/100$

图 4.26　不同时间步长下船舶航行时总的波面升高($\lambda/L_{\mathrm{pp}} = 1.00$, $Fr = 0.3$)

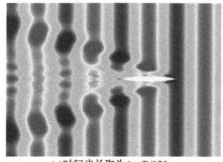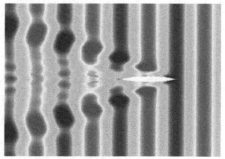

(c)时间步长取为Δt=T_e/120   (d)时间步长取为Δt=T_e/140

图 4.26(续)

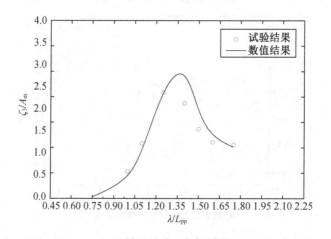

图 4.27　Wigley I 型船垂荡运动响应幅值($Fr = 0.30$)

　　不同的入射波波长下得到的船舶纵摇运动幅频响应算子如图 4.28 所示。由图可知,利用本章 Rankine 源算法所模拟的船舶纵摇运动响应幅值与模型试验测量值吻合良好,能够满足实际的工程计算精度需求。此外,由图 4.27 和 4.28 可知,对于波浪中航行船舶的运动响应最大值附近,数值预报结果要略大于模型试验的测量结果,原因可能是船体的运动响应较大时,船舶的吃水随时间变化较大,而本书研究是基于平均湿表面的假定,因此导致共振区域的数值预报结果存在些许误差。

4.5.4　S-175 集装箱船波浪中航行运动响应模拟

　　由于第三章中基于时域自由面 Green 函数的计算方法采用的是时域自由面 Green 函数作为边界积分方程的积分核,而 Green 函数自身的特性导致了对于外飘型船舶的数值模拟时间发散。本章采用的是 Rankine 源作为边界积分方程的积分核,该 Green 函数不满足任何边界条件,但是却适用于任意复杂几何形体水动力的数值计算。本章将以 S – 175 集装箱船舶为例来说明 Rankine 源在外飘船型方面的适用性,从而为后文中应用时域 Rankine – Green 混合 Green 函数法求解波浪中航行船舶的运动及载荷响应奠定基础。

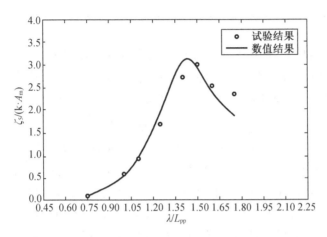

图 4.28　Wigley I 型船纵摇运动响应幅值($Fr = 0.30$)

　　S – 175 集装箱船多次被 ITTC 会议作为标准船型来检验数值计算方法的稳定性和准确性[147]。同样,也有很多学者针对该船型进行了模型试验研究,比如 O' Dea[148] 和 Watanabe[149] 的研究工作。

　　该船型的典型自由面截断网格划分如图 4.29 所示,几何外形主尺度参数见表 4.1。其中,船体湿表面的离散情况均为 $NL = 50$ 、$NB = 12$,自由面的截断选取均为船舶 x 轴下游向后延伸 $2.0\ L_{pp}$, y 轴延伸 $2.0\ L_{pp}$, x 轴上游向前延伸 $1.0\ L_{pp}$,自由面网格疏密控制参数取为 $\gamma = 1.10$ 、$\gamma_{max} = 3.0$ 。

图 4.29　矩形自由面截断域示意图

表 4.1　S-175 集装箱船主尺度参数

垂线间长	L_{pp}/m	175.0
型宽	B/m	25.40
型深	D/m	15.40
吃水	T/m	9.50

图 4.30 给出了 S-175 集装箱船在规则入射波作用下的典型垂荡和纵摇运动响应时历曲线。在该图的数值模拟过程中,规则入射波的波幅取为 $a/L_{pp} = 1.0/175.0$,规则入射波的波长取为波长、船长比等于 1.0,船舶的航速取为 $F_n = U/\sqrt{gL_{pp}} = 0.275$,时间步进长度取为 $\Delta t = T_e/100$,滤波强度取为 $c = 0.02$。由图 4.30 可知,利用基于本章时域 Rankine 源计算方法开发的计算机数值模拟程序,能够针对实际的外飘型船舶进行比较合理的运动响应数值预报。此外,图 4.31 给出了 S-175 集装箱船在规则波中航行时总的典型波面升高。由图 4.30 和图 4.31 可知利用 Rankine 源作为积分核能够针对外飘型船舶给出比较稳定的数值预报结果,并没有出现利用时域自由表面 Green 函数时所出现的数值发散问题。

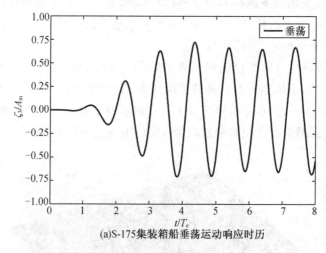

(a)S-175集装箱船垂荡运动响应时历

图 4.30　S-175 集装箱船在规则波中的运动响应时历曲线($\lambda/L_{pp} = 1.00$, $Fr = 0.275$)

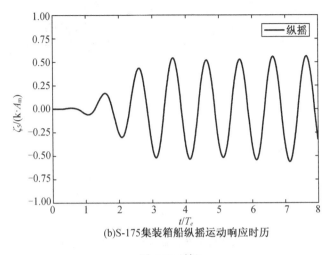

(b)S-175集装箱船纵摇运动响应时历

图 4.30(续)

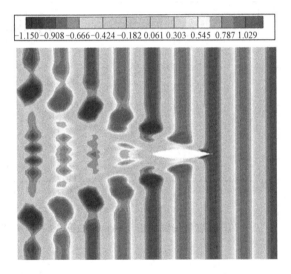

图 4.31　S-175 集装箱船在规则波中航行时的典型波面升高($\lambda/L_{pp}=1.00$,$Fr=0.275$)

　　为了进一步验证基于本章时域 Rankine 源方法所开发的数值计算机程序的有效性和稳定性,针对不同波长、船长比下的 S-175 集装箱船的垂荡运动响应和纵摇运动响应的幅频响应算子进行了数值模拟,并与模型试验值进行对比。不同波长船长比下 S-175 集装箱船的垂荡运动幅频响应算子和纵摇运动幅频响应算子分别如图 4.32 和 4.33 所示。通过数值计算结果和模型试验测量值的对比可知,基于本章相关方法所开发的数值计算机程序,对于实际外飘型船舶,能给出比较合理的数值预报结果,并能够满足实际的工程计算精度需求。

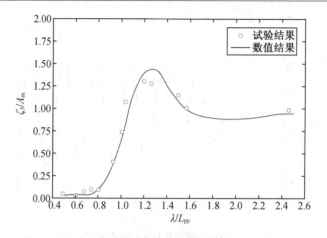

图 4.32　S－175 集装箱船垂荡运动幅频响应算子($Fr=0.275$)

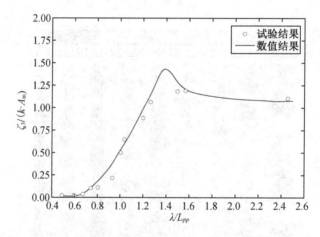

图 4.33　S－175 集装箱船纵摇运动幅频响应算子($Fr=0.275$)

4.6　本　章　小　结

　　本章以 Rankine 源作为积分核,建立了求解流体扰动速度势的边界积分方程。为了给出自由表面上的 Dirichlet 型边界条件,采用具有四阶精度的Runge－Kutta 积分法则实现了自由面上速度势和波面升高的时间步进求解。此外,通过双方向导数实现了自由面上速度势及波面升高空间偏导数的稳定求解。为了消除时间步进过程中产生的杂波,采用了三点滤波法则进行了有效滤除。由于船体运动方程右端的波浪力中含有未知的船体运动加速度项,故对流体扰动速度势进行了进一步的分解,即引入瞬时流体速度势,成功实现了船体运动方程的稳定时间步进。此外,在采用高阶边界元法进行边界积分方程的求解时,为保证速度势的空间连续性,在不同边界面的交线处采用了 Double - nodes 方式进行了处理。

以自由漂浮半球强迫垂荡运动辐射波浪力为例,验证了基于 Rankine 源求解方法的正确性,通过时间步长收敛性检验发现,时间步长取为 $\Delta t = T/60$ 即可满足收敛性的要求,自由面网格收敛性检验结果表明,自由面半周离散为 40 份、径向离散为 40 份即可满足自由面网格离散收敛性的需求,阻尼层的尺寸收敛性结果,表明阻尼层尺寸设置为 $1.0 \sim 2.0$ 倍的波长便能够保证很好的外传波浪吸收效果;以 Wigley RT 型船舶定常航行兴波阻力系数的数值模拟为例,验证了算法在有航速直壁型船舶兴波流场模拟中的有效性,通过相关参数的收敛性检验表明自由面横向截断尺寸大于 $1.5\ L_{\mathrm{pp}}$、滤波强度取为 $c = 0.02$、时间步长取为 $\Delta t = T_{\mathrm{res}}/200$,即可满足一般船型兴波阻尼系数的数值模拟;以 Wigley I 型船舶在波浪中航行时的非定常运动响应为例,验证了本章算法在有航速直壁型船舶求解中的有效性,收敛性验证结果表明船体湿表面离散情况取为 $NL = 50$、$NB = 12$,自由面的截断选取均为船舶 x 轴下游向后延伸 $2.0\ L_{\mathrm{pp}}$,y 轴延伸 $2.0\ L_{\mathrm{pp}}$,x 轴上游向前延伸 $1.0\ L_{\mathrm{pp}}$,计算时间步进长度均取为 $\Delta t/T = 150$,滤波强度取为 $c = 0.02$,即可满足常规船型在波浪中航行时的运动响应数值模拟。此外,通过对 S - 175 集装箱船在波浪中航行时运动响应的数值模拟,表明 Rankine 源算法不仅可以对直壁型船舶进行运动和载荷响应的数值模拟,还能较好地进行外飘型船舶水动力载荷数值模拟。

第 5 章　基于 Rankine – Green
混合源的计算方法研究

5.1　概　　述

对于解决中高速航行船舶运动和载荷响应问题,当前较为常用的方法有时域自由面 Green 函数法、时域 Rankine 源法。时域自由面 Green 函数法的当场点和源点同时趋近于自由面时,Green 函数自身具有增幅、增频的振荡特性,计算外飘十分明显的船舶会出现数值不稳定现象。虽然可以采用修正水线附近单元的处理方法来避免数值发散问题的出现,但是该处理方法改变了船体水线附近的面元几何形状,使得自由面附近单元的面积分和水线积分难以精确计算。对于时域 Rankine 源法,由于 Rankine 源不满足辐射边界条件,因此需要在自由面上布置一层宽度适中的阻尼区,以避免外传波浪的反射,虽然增加了额外的计算量,但是其能够适合任意复杂的自由面形状和物面形状。

本章结合 Rankine 源的优点和时域自由面 Green 函数自身的特点,对时域 Rankine – Green 混合源法进行了深入研究及一定程度的完善。首先,引入了一形状任意的虚拟控制面,将流体域分割为内部流体域和外部流体域两个子流体域。其次,在内部流体域应用 Rankine 源作为积分核构建速度势的边界积分方程,从而适用于外飘型船舶运动和载荷响应的求解;在外部流体域应用时域自由面 Green 函数作为积分核,从而对船体几何形状不同,但是控制面形状相同的情况仅需进行自由面 Green 函数的一次求解,提高了计算效率。再次,通过采用积分形式的自由表面条件,提高了内部流体域自由面条件时间步进的稳定性,并进一步通过引入 B – spline 样条函数插值求导算法,保证了所开发的数值计算机程序能够胜任艏艉处水线形状变化较大的船舶运动和载荷响应模拟。最后,通过采用八节点二次高阶曲面元进行边界积分方程的离散求解,保证了不同边界交界处速度势的连续性,比如自由面和物面的交界边、自由面和控制面的交界边等。

5.2　混合 Green 函数边界积分方程组构建

如图 5.1 所示,考察一在水面上以定常航速航行的任意三维形状船舶,在波浪作用下做任意六自由度的非定常运动,为了方便描述流场以及船舶的运动响应,此处选取随船平动坐标系 $O'x'y'z'$ 和固结于船体的坐标系 $O_bx_by_bz_b$,船舶的运动响应定义为固结于船体的坐标系相对于随船平动坐标系的线位移和角位移。与前述章节相一致,此处引入流体速度势来描述船舶的非定常兴波流场,整个流体域的流动满足势流理论的基本假定,且认为水深是无限的。

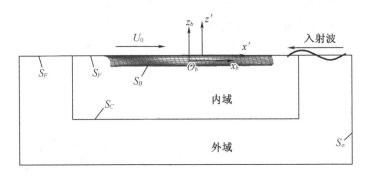

图 5.1　流体域剖分示意图

为了综合时域 Rankine 源和时域自由面 Green 函数各自的优点,此处通过引入一虚拟控制面 S_C,将流体域剖分为内部流体域和外部流体域两个子流体域,且控制面以船舶的定常航行速度随船前进。其中,内部流体域的边界由三维物体的湿表面 S_B、部分自由表面 S_F 以及虚拟控制面 S_C 组成,外部流体域的边界由虚拟控制面 S_C、外部自由表面 S_F 以及无穷远处的辐射面 S_∞ 组成。在外部流体域,应用时域自由表面 Green 函数作为积分核,构建外部流体域非定常扰动速度势所满足的边界积分方程,并根据控制面上非定常扰动速度势及其法向导数连续的条件,为内部流体域提供一个 Robin 型边界条件;在内部流体域应用时域 Rankine 源作为积分核,从而可以满足任意复杂几何外形的海洋浮体水动力计算需求。

5.2.1　随船平动坐标系下的时域边界积分方程

对于外部流体域问题的求解,由于虚拟控制面随船舶一起平移,因此需要首先将空间固定坐标系下的边界积分方程根据伽利略变换,将其转换到随船平动坐标系下进行表达。

对于扰动速度势,式(3 - 26)给出了在大地坐标系下表达的时域边界积分方程

$$\alpha(p)\varphi(p,t) + \int_{S_{C(t)}} \left[\varphi(q,t) \frac{\partial G^0}{\partial n_q} - G^0 \frac{\partial \varphi(q,t)}{\partial n_q} \right] \mathrm{d}s_q$$

$$= \int_0^t \mathrm{d}\tau \int_{S_{C(\tau)}} \widetilde{G} \frac{\partial \varphi(q,\tau)}{\partial n_q} \mathrm{d}s_q - \int_0^t \mathrm{d}\tau \int_{S_{C(\tau)}} \varphi(q,\tau) \frac{\partial \widetilde{G}}{\partial n_q} \mathrm{d}s_q +$$

$$\frac{1}{g} \int_0^t \mathrm{d}\tau \int_{wl(\tau)} \left[\widetilde{G} \frac{\partial \varphi(q,\tau)}{\partial \tau} - \varphi(q,\tau) \frac{\partial \widetilde{G}}{\partial \tau} \right] V_N \mathrm{d}l_q \qquad (5-1)$$

对于边界积分方程(5 - 1),V_N 表示大地坐标系 $\boldsymbol{x}_0$ 下船体湿表面静水面交线 wl 在水平面上运动的法向速度,在此情况下速度包含船速 U_i 和六自由度微幅摇荡运动,忽略摇荡速度,且假定水线附近的船体型线为直壁型($\boldsymbol{n} = \boldsymbol{N}$),只保留 U_i,从而 $V_N = - U n_1$,则

$$V_N \mathrm{d}l_q = - U n_1 \mathrm{d}l_q \qquad (5-2)$$

从而可以得到大地坐标系下线性化的边界积分方程

$$\alpha(p)\varphi(p,t) + \int_{S_{C(t)}} \left[\varphi(q,t) \frac{\partial G^0}{\partial n_q} - G^0 \frac{\partial \varphi(q,t)}{\partial n_q} \right] \mathrm{d}s_q$$

$$= \int_0^t \mathrm{d}\tau \int_{S_{C(\tau)}} \widetilde{G} \frac{\partial \varphi(q,\tau)}{\partial n_q} \mathrm{d}s_q - \int_0^t \mathrm{d}\tau \int_{S_{C(\tau)}} \varphi(q,\tau) \frac{\partial \widetilde{G}}{\partial n_q} \mathrm{d}s_q -$$

$$\frac{1}{g} \int_0^t \mathrm{d}\tau \int_{wl(\tau)} \left[\widetilde{G} \frac{\partial \varphi(q,\tau)}{\partial \tau} - \varphi(q,\tau) \frac{\partial \widetilde{G}}{\partial \tau} \right] U n_1 \mathrm{d}l_q \qquad (5-3)$$

根据伽利略变换,大地坐标系下的时间微分和平动坐标系下的时间微分具有如下转换关系:

$$\left. \frac{\partial}{\partial \tau} \right|_{x_0} = \frac{\partial}{\partial \tau} - U \left. \frac{\partial}{\partial \xi} \right|_x \qquad (5-4)$$

从而可以得到平动坐标系下非定常速度势应该满足的边界积分方程

$$\alpha(p)\varphi(p,t) + \int_{S_{C(t)}} \left[\varphi(q,t) \frac{\partial G^0}{\partial n_q} - G^0 \frac{\partial \varphi(q,t)}{\partial n_q} \right] \mathrm{d}s_q$$

$$= \int_0^t \mathrm{d}\tau \int_{S_{C(\tau)}} \widetilde{G} \frac{\partial \varphi(q,\tau)}{\partial n_q} \mathrm{d}s_q - \int_0^t \mathrm{d}\tau \int_{S_{C(\tau)}} \varphi(q,\tau) \frac{\partial \widetilde{G}}{\partial n_q} \mathrm{d}s_q -$$

$$\frac{U}{g} \int_0^t \mathrm{d}\tau \int_{wl(\tau)} \left[\widetilde{G} \frac{\partial \varphi(q,\tau)}{\partial \tau} - \varphi(q,\tau) \frac{\partial \widetilde{G}}{\partial \tau} \right] n_1 \mathrm{d}l_q +$$

$$\frac{U^2}{g}\int_0^t \mathrm{d}\tau \int_{wl(\tau)} \left[\widetilde{G}\frac{\partial \varphi(q,\tau)}{\partial \xi} - \varphi(q,\tau)\frac{\partial \widetilde{G}}{\partial \xi} \right] n_1 \mathrm{d}l_q \tag{5-5}$$

由于 $\partial \Phi(q,\tau)/\partial \tau$ 数值计算比较难,因此需要对该项进行进一步的处理:

$$\int_0^t \mathrm{d}\tau \int_{wl(\tau)} \widetilde{G}(t-\tau)\frac{\partial \varphi(q,\tau)}{\partial \tau}\mathrm{d}l_q$$

$$= \int_{wl(\tau)} \mathrm{d}l_q \int_0^t \widetilde{G}(t-\tau)d\varphi(q,\tau)$$

$$= \int_{wl(\tau)} \mathrm{d}l_q \, \widetilde{G}(t-\tau)\varphi(q,\tau)\Big|_0^t - \int_{wl(\tau)} \mathrm{d}l_q \int_0^t \varphi(q,\tau)\frac{\partial \widetilde{G}(t-\tau)}{\partial \tau}\mathrm{d}\tau$$

$$= -\int_0^t \mathrm{d}\tau \int_{wl(\tau)} \varphi(q,\tau)\frac{\partial \widetilde{G}(t-\tau)}{\partial \tau}\mathrm{d}l_q \tag{5-6}$$

式 (5-5) 可以进一步写为

$$\alpha(p)\varphi(p,t) + \int_{S_C(t)} \left[\varphi(q,t)\frac{\partial G^0}{\partial n_q} - G^0 \frac{\partial \varphi(q,t)}{\partial n_q} \right]\mathrm{d}s_q$$

$$= \int_0^t \mathrm{d}\tau \int_{S_C(\tau)} \widetilde{G}\frac{\partial \varphi(q,\tau)}{\partial n_q}\mathrm{d}s_q - \int_0^t \mathrm{d}\tau \int_{S_C(\tau)} \varphi(q,\tau)\frac{\partial \widetilde{G}}{\partial n_q}\mathrm{d}s_q + \frac{2U}{g}\int_0^t \mathrm{d}\tau \int_{wl(\tau)} \cdot$$

$$\varphi(q,\tau)\frac{\partial \widetilde{G}}{\partial \tau}n_1 \mathrm{d}l_q + \frac{U^2}{g}\int_0^t \mathrm{d}\tau \int_{wl(\tau)} \left[\widetilde{G}\frac{\partial \varphi(q,\tau)}{\partial \xi} - \varphi(q,\tau)\frac{\partial \widetilde{G}}{\partial \xi} \right] n_1 \mathrm{d}l_q \tag{5-7}$$

将 $S_C(\tau)$ 改成平移坐标系中固定的平均湿表面 S_C。当 $S_C(\tau)$ 上的点为 q,$S_C(t)$ 上的点为 p 时,则 $\widetilde{G}(p,t;q,\tau)$ 中的点 p 和点 q 之间的水平距离为

$$R = \sqrt{[x - \xi + U(t-\tau)]^2 + (y-\eta)^2} \tag{5-8}$$

式中,(x,y,z) 和 (ξ,η,ζ) 分别是点 p 和点 q 在平移坐标系下的坐标值。

5.2.2　非定常扰动速度势混合边界积分方程组构建

本章将综合应用时域自由面 Green 函数和时域 Rankine 源来求解波浪中航行船舶的非定常扰动速度势。在本书的第三章和第四章已经分别对两种方法的适用性和细节进行了描述,此处将直接利用相关的控制方程进行非定常扰动速度势的边界积分方程构建。

在内部流体域应用时域 Rankine 源作为积分核,则扰动速度势在内部流体域内应该满足如下的边界积分方程:

$$\alpha(p)\varphi(p) + \int_S \varphi(q)\frac{\partial}{\partial n_q}G_i(p,q)\mathrm{d}s_q = \int_S G_i(p,q)\frac{\partial}{\partial n_q}\varphi(q)\mathrm{d}s_q \tag{5-9}$$

式中　$G_i(p,q) = 1/r$——简单 Green 函数;

$\alpha(p)$——场点处的固角系数。

$S = S_B + S_F + S_C$，法向量指向流体域的外部为正。在内部域的控制面 S_C 上，外部域问题的解给出对应的 Robin 型边界条件，在内部域的浮体面 S_B 上，法向不可穿透条件给出了对应的 Neumann 型边界条件，在内部域的自由面 S_F 上，自由面上的动力学和运动学边界条件给出了对应的 Dirichlet 型边界条件。应注意 Rankine 源不满足任何边界条件，因此在内部域中可以采用任意复杂形式的自由面条件、物面条件。

在外部流体域应用时域自由表面 Green 函数作为积分核，则扰动速度势在外部流体域内应该满足如下的边界积分方程：

$$\alpha(p)\varphi(p,t) + \int_{S_C}\left[\varphi(q,t)\frac{\partial G^0}{\partial n_q} - G^0\frac{\partial\varphi(q,t)}{\partial n_q}\right]\mathrm{d}s_q$$

$$= \int_0^t \mathrm{d}\tau \int_{S_C}\left[\widetilde{G}\frac{\partial\varphi(q,\tau)}{\partial n_q} - \varphi(q,\tau)\frac{\partial\widetilde{G}}{\partial n_q}\right]\mathrm{d}s_q + \frac{2U}{g}\int_0^t \mathrm{d}\tau \int_{wl}\varphi(q,\tau)\frac{\partial\widetilde{G}}{\partial\tau}n_1\mathrm{d}l_q +$$

$$\frac{U^2}{g}\int_0^t \mathrm{d}\tau \int_{wl}\left[\widetilde{G}\frac{\partial\varphi(q,\tau)}{\partial\xi} - \varphi(q,\tau)\frac{\partial\widetilde{G}}{\partial\xi}\right]n_1\mathrm{d}l_q \qquad (5-10)$$

式中，G^0 和 $\widetilde{G}$ 分别为自由表面 Green 函数的瞬时项和波动项，其中法向量指向外部流体域的内部为正。

在选择的虚拟控制面 S_C 上，流体速度势和速度势的法向导数对于内部流体域的解和外部流体域的解应该满足连续的条件。由于在控制面上内部流体域和外部流体域所满足的边界积分方程中，法向量的正方向定义相一致，因此速度势和速度势的法向导数在控制面上应该满足如下的匹配条件：

$$\varphi_I = \varphi_{II}, \qquad \frac{\partial\varphi_I}{\partial n} = \frac{\partial\varphi_{II}}{\partial n} \qquad (5-11)$$

首先根据第三章中所描述的八节点高阶曲面元的相关内容分别对边界积分方程式(5-9)和式(5-10)进行数值离散。其次，根据控制面上的连续性条件，将内部流体域边界积分方程式(5-9)中在控制面上的积分中的速度势未知量替换为表达式(5-10)，建立匹配求解方程组，从而求解物体湿表面上的扰动速度势、自由表面上扰动速度势的法向导数，以及控制面上扰动速度势的法向导数值，进一步由边界积分方程式(5-10)求得控制面上网格节点处扰动速度势的值。

5.3 自由面边界条件的积分步进求解

与直接应用时域自由表面 Green 函数方法相比,时域 Rankine – Green 混合源计算方法引入了额外的自由表面积分,但是由于时域自由表面 Green 函数自身满足扰动速度势的辐射边界条件,因此其自由表面尺寸与应用阻尼层消波的 Rankine 源方法的尺寸相比可以大大缩减。与第四章中利用 Rankine 源作为积分核的处理方法不同,此处将采用王建方[150] 所提出的积分法则进行自由表面条件的处理。

5.3.1 积分形式的自由表面条件推导

对于扰动速度势,本章将采用线性化的自由表面条件式,即在自由表面上流体扰动速度势分别满足如下的动力学自由表面条件:

$$\frac{\partial \varphi}{\partial t} = U \frac{\partial \varphi}{\partial x} - g\eta \qquad (5-12)$$

和运动学自由表面条件

$$\frac{\partial \eta}{\partial t} = U \frac{\partial \eta}{\partial x} + \frac{\partial \varphi}{\partial z} \qquad (5-13)$$

将表达式(5 – 13)代入表达式(5 – 12)可得如下的线性化自由表面条件:

$$\frac{\partial^2 \varphi(p,\tau)}{\partial \tau^2} - 2U \frac{\partial^2 \varphi(p,\tau)}{\partial x \partial \tau} + U^2 \frac{\partial^2 \varphi(p,\tau)}{\partial x^2} + g \frac{\partial \varphi(p,\tau)}{\partial z} = 0 \quad (5-14)$$

对式(5 – 14)关于时间变量 $\tau \in (t_0, t)$ 积分一次得

$$\frac{\partial \varphi(p,t)}{\partial t} - \frac{\partial \varphi(p,\tau)}{\partial \tau}\bigg|_{t_0} - 2U \frac{\partial \varphi(p,t)}{\partial x} + 2U \frac{\partial \varphi(p,t_0)}{\partial x} +$$

$$\int_{t_0}^{t} U^2 \frac{\partial^2 \varphi(p,\tau)}{\partial x^2} \mathrm{d}\tau + \int_{t_0}^{t} g \frac{\partial \varphi(p,\tau)}{\partial n} \mathrm{d}\tau = 0 \qquad (5-15)$$

对上式关于变量 $t \in (t_0, t)$ 积分一次得

$$\int_{t_0}^{t} \frac{\partial \varphi(p,t')}{\partial t'} \mathrm{d}t' - \int_{t_0}^{t} \frac{\partial \varphi(p,\tau)}{\partial \tau}\bigg|_{t_0} \mathrm{d}t - \int_{t_0}^{t} 2U \frac{\partial \varphi(p,t')}{\partial x} \mathrm{d}t' + \int_{t_0}^{t} 2U \frac{\partial \varphi(p,t_0)}{\partial x} \mathrm{d}t +$$

$$\int_{t_0}^{t} \int_{t_0}^{t'} U^2 \frac{\partial^2 \varphi(p,\tau)}{\partial x^2} \mathrm{d}\tau \mathrm{d}t' + \int_{t_0}^{t} \int_{t_0}^{t'} g \frac{\partial \varphi(p,\tau)}{\partial n} \mathrm{d}\tau \mathrm{d}t' = 0 \qquad (5-16)$$

对上式最后一项交换积分顺序,可得

$$\int_{t_0}^{t}\int_{t_0}^{t'} g \frac{\partial \varphi(p,\tau)}{\partial n}\mathrm{d}\tau\mathrm{d}t' = \int_{t_0}^{t} g \frac{\partial \varphi(p,\tau)}{\partial n}\int_{\tau}^{t}\mathrm{d}t'\mathrm{d}\tau = g\int_{t_0}^{t}(t-\tau)\frac{\partial \varphi(p,\tau)}{\partial n}\mathrm{d}\tau$$

$$(5-17)$$

由此,式(5-16)可以最终化简为如下形式:

$$\varphi(p,t) = \varphi(p,t_0) + (t-t_0)\frac{\partial \varphi(p,\tau)}{\partial \tau}\bigg|_{t_0} + 2U\int_{t_0}^{t}\frac{\partial \varphi(p,t')}{\partial x}\mathrm{d}t' - 2U(t-t_0)\cdot$$

$$\frac{\partial \varphi(p,t_0)}{\partial x} - U^2\int_{t_0}^{t}(t-\tau)\frac{\partial^2 \varphi(p,\tau)}{\partial x^2}\mathrm{d}\tau - g\int_{t_0}^{t}(t-\tau)\frac{\partial \varphi(p,\tau)}{\partial n}\mathrm{d}\tau$$

$$(5-18)$$

对于在波浪中航行船舶的非定常扰动速度势,在初始时刻速度势及其时间偏导数为零,因此上式可以进一步简化为

$$\varphi(p,t) = 2U\int_{t_0}^{t}\frac{\partial \varphi(p,t')}{\partial x}\mathrm{d}t' - U^2\int_{t_0}^{t}(t-\tau)\frac{\partial^2 \varphi(p,\tau)}{\partial x^2}\mathrm{d}\tau -$$

$$g\int_{t_0}^{t}(t-\tau)\frac{\partial \varphi(p,\tau)}{\partial n}\mathrm{d}\tau \qquad (5-19)$$

由上式可知,对于航行船舶非定常扰动速度势的求解,在自由表面条件的积分求解过程中,需要时时计算速度势的一阶和二阶空间偏导数。对于无航速的海洋浮式结构物,选择 Oval 形自由面截断域,对于航行船舶,选择规则的矩形自由面截断域。

5.3.2　基于样条函数插值的自由面速度势偏导数计算

为了令本章数值算法能够适用于肥大型水线面船舶的运动及载荷数值模拟,此处速度势的空间偏导数采用 B - spline 样条函数进行插值拟合求解,即根据已知的几何空间点及其对应的速度势反求几何控制点以及速度势的控制点,从而进一步求解速度势的一阶和二阶空间偏导数。

对于空间中的任意一张曲面,其可以根据 B - spline 表达为如下的形式

$$S(u,v) = \sum_{i=0}^{n}\sum_{j=0}^{m}N_{i,p}(u)N_{j,q}(v)P_{i,j} \qquad (5-20)$$

式中

$$U = \{\underbrace{0,\cdots,0}_{p+1},u_{p+1},\cdots,u_{r-p-1},\underbrace{1,\cdots,1}_{p+1}\}, r = n+p+1 \qquad (5-21)$$

$$V = \{\underbrace{0,\cdots,0}_{q+1},v_{q+1},\cdots,v_{s-q-1},\underbrace{1,\cdots,1}_{q+1}\}, s = m+q+1 \qquad (5-22)$$

式中　$S(u,v)$——B - spline 曲面;

　　$\{P_{i,j}\}$——控制点;

$\{N_{i,p}(u)\}$——$pth – degree$ B – spline 基函数；

U、V——节点矢量。

同理，也将速度势表示为如下 B – spline 基函数的形式：

$$\varphi(u,v) = \sum_{i=0}^{n} \sum_{j=0}^{m} N_{i,p}(u) N_{j,q}(v) \varphi_{i,j} \qquad (5-23)$$

式中　$\varphi_{i,j}$——速度势的控制点。

对于 B – spline 曲面，其对参数坐标的偏导数同样为 B – spline 曲面，由文献[116]可知，B – spline 曲面对参数空间变量的偏导数可以按下式进行计算：

$$\frac{\partial^{k+l}}{\partial^k u \partial^l v} S(u,v) = \sum_{i=0}^{n-k} \sum_{j=0}^{m-l} N_{i,p-k}(u) N_{j,q-l}(v) \boldsymbol{P}_{i,j}^{(k,l)} \qquad (5-24)$$

式中

$$\boldsymbol{P}_{i,j}^{(k,l)} = (q-l+1) \frac{\boldsymbol{P}_{i,j+1}^{(k,l-1)} - \boldsymbol{P}_{i,j}^{(k,l-1)}}{v_{j+q+1} - v_{j+l}} \qquad (5-25)$$

$$\boldsymbol{P}_{i,j}^{(1,0)} = p \frac{\boldsymbol{P}_{i+1,j} - \boldsymbol{P}_{i,j}}{u_{i+p+1} - u_{i+1}}, \boldsymbol{P}_{i,j}^{(0,1)} = q \frac{\boldsymbol{P}_{i,j+1} - \boldsymbol{P}_{i,j}}{v_{j+q+1} - v_{j+1}} \qquad (5-26)$$

此处，B – spline 曲面对参数空间变量求偏导数之后，其控制点对应的节点矢量可以根据原节点矢量表达如下：

$$U^{(k)} = \{\underbrace{0,\cdots,0}_{p-k+1}, u_{p+1}, \cdots, u_{n-p-1}, \underbrace{1,\cdots,1}_{p-k+1}\} \qquad (5-27)$$

$$V^{(l)} = \{\underbrace{0,\cdots,0}_{p-l+1}, v_{q+1}, \cdots, v_{m-q-1}, \underbrace{1,\cdots,1}_{p-l+1}\} \qquad (5-28)$$

同样，也可以对速度势的参数空间变量偏导数进行数值计算。

本书的自由表面条件简化为在平均自由表面上进行满足，因此有 $z_u = 0$ 和 $z_v = 0$。根据链式求导法则：

$$\begin{aligned}
(\quad)_u &= (\quad)_x x_u + (\quad)_y y_u \\
(\quad)_v &= (\quad)_x x_v + (\quad)_y y_v
\end{aligned} \qquad (5-29)$$

由上式最终可得速度势关于空间坐标的偏导数的计算表达式如下

$$\begin{bmatrix} (\quad)_x \\ (\quad)_y \end{bmatrix} = \begin{bmatrix} x_u & y_u \\ x_v & y_v \end{bmatrix}^{-1} \begin{bmatrix} (\quad)_u \\ (\quad)_v \end{bmatrix} = \frac{1}{|D|} \begin{bmatrix} y_v & -y_u \\ -x_v & x_u \end{bmatrix} \begin{bmatrix} (\quad)_u \\ (\quad)_v \end{bmatrix} \qquad (5-30)$$

$$|D| = x_u y_v - x_v y_u$$

同理，通过对参数空间变量求解二次导数，即

$$\begin{bmatrix} x_u x_u & y_u y_u \\ x_v x_v & y_v y_v \end{bmatrix} \begin{bmatrix} (\quad)_{xx} \\ (\quad)_{yy} \end{bmatrix} = \begin{bmatrix} (\quad)_{uu} - (\quad)_x x_{uu} - (\quad)_y y_{uu} \\ (\quad)_{vv} - (\quad)_x x_{vv} - (\quad)_y y_{vv} \end{bmatrix} \qquad (5-31)$$

从而可以得出速度势二阶偏导数的计算表达式

$$\begin{bmatrix} (\ )_{xx} \\ (\ )_{yy} \end{bmatrix} = \begin{bmatrix} x_u x_u & y_u y_u \\ x_v x_v & y_v y_v \end{bmatrix}^{-1} \begin{bmatrix} (\ )_{uu} - (\ )_x x_{uu} - (\ )_y y_{uu} \\ (\ )_{vv} - (\ )_x x_{vv} - (\ )_y y_{vv} \end{bmatrix} \qquad (5-32)$$

此处需要注意的是,尽管本书采用的是二次高阶边界元进行物体表面和自由表面进行空间离散,速度势的空间偏导数可以通过形函数进行表达。但是数值计算结果表明,对于 $\tau = U\omega_e/g < 0.20$ 采用形函数进行空间偏导数的数值计算可以给出稳定的时间步进结果,但是对于 $\tau = U\omega_e/g > 0.20$ 的情形,采用形函数进行自由面条件的时间步进常常会导致结果的发散。为了数值实现上的统一性,本书均采用此种 B – spline 拟合的方式进行速度势以及波面升高空间偏导数的数值求解。

5.4　船体运动方程的时间步进求解

当利用时域 Rankine – Green 混合源法求得流体的扰动速度势之后,将 $\varphi(p,t)$ 代入对应的伯努利方程中便可以得到流场中任意一点由流体扰动速度势引起的水动压力值

$$p = -\rho\left(\frac{\partial\varphi}{\partial t} - U\frac{\partial\varphi}{\partial x}\right) \qquad (5-33)$$

由上式可知,为了获得船体湿表面上任意一点的水动压力值,需要实时计算扰动速度势的时间偏导数,此处将采用如下物质导数的概念进行求解:

$$\frac{\partial\varphi}{\partial t} = \frac{D\varphi}{Dt} - U\frac{\partial\varphi}{\partial x} \qquad (5-34)$$

式中,U 为网格前进的速度,$D\varphi/Dt$ 通过两点差分法直接进行求解,$\partial\varphi/\partial x$ 通过形函数直接进行计算。

当获得船体湿表面上任意一点的压力值后,通过沿船体湿表面进行压力积分,便可以得到当前时刻作用于船体上的力和力矩,进一步通过牛顿第二定律便可以得到船体的线位移和角位移。对于船体运动微分方程的时间积分,本章采用和第三章中一致的线性多步法则进行求解,即

首先,采用显式 ABM4 进行速度和位移的预测:

$$\boldsymbol{u}(t+\Delta t) = \boldsymbol{u}(t) + \sum_{s=1}^{4} a_k \dot{\boldsymbol{u}}(t+\Delta t - k\Delta t) \qquad (5-35)$$

$$\boldsymbol{x}(t+\Delta t) = \boldsymbol{x}(t) + \sum_{s=1}^{4} a_k \dot{\boldsymbol{x}}(t+\Delta t - k\Delta t) \qquad (5-36)$$

$$(a_1, a_2, a_3, a_4) = (55/24, -59/24, 37/24, -9/24)$$

其次,利用更新的速度和位移求解边界积分方程在 $t + \Delta t$ 的值,从而可以利用更新得到的速度势值进行 $t + \Delta t$ 时刻位移和速度的矫正

$$u(t + \Delta t) = u(t) + \sum_{s=1}^{4} b_k \dot{u}(t + 2\Delta t - k\Delta t) \qquad (5-37)$$

$$x(t + \Delta t) = x(t) + \sum_{s=1}^{4} b_k \dot{x}(t + 2\Delta t - k\Delta t) \qquad (5-38)$$

$$(b_1, b_2, b_3, b_4) = (9/24, 19/24, -5/24, 1/24)$$

5.5　时域 **Rankine – Green** 混合源法有效性验证

根据本章所述的利用时域 Rankine – Green 混合源求解波浪中航行船舶所受波浪载荷的相关理论,开发了相应的实用计算机程序。在第三章中,详细探讨了利用时域自由面 Green 函数方法求解波浪中航行船舶运动及载荷响应的有效性和适用性,以及基于九节点形函数 Green 函数插值计算的准确性和八节点二次高阶曲面元的快速收敛性。在第四章中,详细探讨了时域 Rankine 源方法求解波浪中航行船舶运动及载荷响应的有效性和适用性,分别针对定常兴波速度势、辐射兴波速度势以及绕射兴波速度势做了有效性验证和相关计算参数敏感性分析,并针对具有外飘特征的实际 S – 175 集装箱船舶进行了运动响应数值分析,说明了 Rankine 源对于外飘型船舶的适用性。因此,本章将不再对外部流体域 Green 函数计算的有效性以及内部流体域 Rankine 源方法的各个扰动速度势分量的有效性进行验证,而是着重探讨 Rankine – Green 混合源的计算参数敏感性,并对其在求解船舶运动响应时的有效性进行检验。

首先,针对基于 B – spline 样条函数插值的有效性进行了数值验证。其次,以静水中做强迫垂荡运动的半球为例,来考察本书数值算法对于无航速辐射问题模拟的有效性和稳定性,并对自由面距离浮体的距离、自由面网格划分和控制面网格划分进行收敛性检验。再次,以 Wigley I 型船舶为例,对时间步长收敛性进行分析,并数值计算该型船舶在不同频率的波浪中航行时的运动响应,通过与试验值的对比初步验证本章所提出的数值算法的有效性。最后,对具有外飘特征的 S – 175 集装箱船舶在波浪中航行时的运动响应进行数值模拟,通过与模型试验测量值的对比,验证本章所提出的混合源方法在外飘型船舶水动力求解方面的适用性。

此外,由于本章所开发的时域 Rankine – Green 混合源方法引入了额外的控制面积分,故需要额外的控制面网格划分,本书根据所计算的海洋浮式结构物的种类在程序内部实现了控制面网格的自动划分。

对于无航速的海洋平台,选择的自由面截断域为 Oval 形自由面截断,因此控制面的形状选取为半球。选取半球的好处是可以采用单位半球制成基本 Green 函数数据库,从而根据实际海洋浮式结构物的尺寸进行放缩,而无需再次进行 Green 函数的插值计算[100]。

选取单位控制面主尺度 L_0 和无因次量 μ_0、τ_0,以及时域自由面 Green 函数 $\widetilde{G}_0$。由式(3 – 52)可知,主尺度为 $L = KL_0$ 的控制面上无因次量为

$$\mu = 1/\sqrt{1 + \left[KR/K(z_p + z_q) \right]^2} = \mu_0, \quad \tau = \sqrt{\frac{g}{Kr'}} t = \frac{\tau_0}{\sqrt{K}} \qquad (5 - 39)$$

则,

$$\widetilde{G} = 2\sqrt{\frac{g}{g'^3}} \hat{G}(\mu, \tau) = \frac{1}{K\sqrt{K}} \widetilde{G}_0' \qquad (5 - 40)$$

其中,$\widetilde{G}_0'$ 表示 $\tau = \tau_0/\sqrt{K}$ 情况下的时域 Green 函数,同理可得时域 Green 函数关于空间的导数。由上式可知,以单位控制面建立基本数据库,只要确定尺度效应 K,则实尺度控制面上任意两点间时域 Green 函数及其导数可由参数 τ 得到。此方法不需要每次都重新计算时域 Green 函数及其导数,大大提高了计算效率。

对于波浪中航行的船舶,选择的自由面截断域为矩形自由面截断,控制面的形状选取为规则的矩形,控制面距离自由面自动向下延伸 x_T 倍的船舶吃水,垂向节点划分数目为 n_T,纵向和横向的网格划分数目与自由面截断处的网格划分数目相一致,控制面底部网格的划分通过横向和纵向网格节点正交自动完成。

5.5.1　样条函数插值求导算法有效性验证

对于与物体湿表面和自由表面相关的面积分,本章采用和前述八节点相一致的数值离散方法进行处理。为了数值处理方便,本书利用 B – spline 样条函数进行自由表面速度势空间偏导数数值计算,即利用形函数对八节点高阶曲面元中心点的几何坐标以及对应的速度势和波面升高值进行计算,而后利用 B – spline 双参数曲面进行插值拟合。

本书以自由面上的高阶曲面元的节点坐标以及网格中心点坐标作为插值节点,将原本的自由表面表达为以双参数 (u, v) 为变量的 B – spline 样条基函数

的线性叠加形式,如式(5 – 20)所示。同样,将自由面上网格节点以及中心点处的速度势表达为如式(5 – 23)所示的以双参数(u,v)为变量的 B – spline 样条基函数的线性叠加形式。

当给定双参数坐标(u,v)之后,其对应的空间坐标节点以及该点的速度势便可以通过以控制点为权因子的 B – spline 基函数线性叠加得到。此处,为了验证插值算法的数值计算精度,以 Airy 波[9]作为标准进行检验,并且为了简化验证工作,此处将以自由面上的波面升高作为网格节点上的变量进行检验。

图 5.2 给出了平均自由面上波面升高的插值计算结果和解析值的对比,通过对比可知基于 B – spline 的插值计算结果和解析值之间整体吻合良好。为了进一步说明插值计算精度,图 5.3 给出了插值计算结果和解析值之间波面升高数值的对比,以及误差 Errors $= \zeta_{\text{numerical}} - \zeta_{\text{analytical}}$,二者吻合良好。

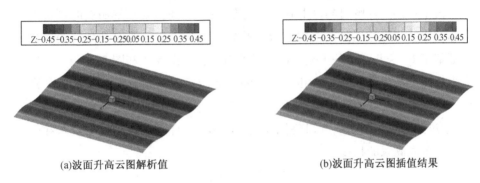

(a)波面升高云图解析值　　　　　　　(b)波面升高云图插值结果

图 5.2　波面升高云图的插值结果和解析解对比 ($x \in [-20,20]$,$y \in [-20,20]$)

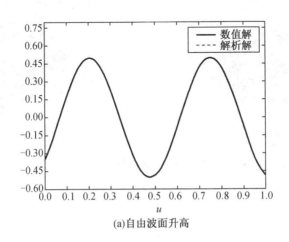

(a)自由波面升高

图 5.3　自由波面升高插值计算结果和解析值的对比(右侧区块,$v = 0.5$)

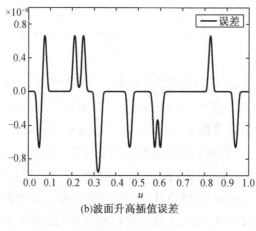

(b)波面升高插值误差

图5.3（续）

　　为了得到待求解时刻自由波面上速度势的值,还需要求解历史时刻自由面上速度势的一阶和二阶空间偏导数。此处将以自由面上波面升高的偏导数来验证基于 B-spline 样条函数插值求导的有效性。图5.4 和图5.6 分别给出了自由表面上波面升高的一阶和二阶空间偏导数云图。图5.5 和图5.7 分别给出了自由表面上波面升高的一阶和二阶空间偏导数的插值结果和解析值的对比,通过图5.4 至图5.7 可知,利用基于 B-spline 样条函数插值拟合求导的算法具有令人满意的精度。

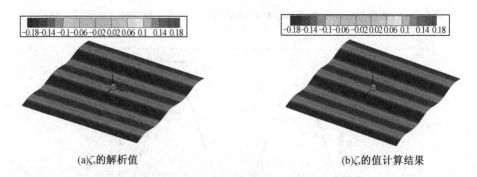

(a)ζ的解析值　　　　　　　　　　　　　(b)ζ的值计算结果

图5.4　波面升高一阶偏导数的插值结果和解析解对比 ($x \in [-20,20]$, $y \in [-20,20]$)

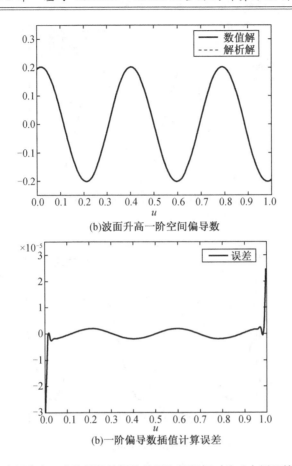

(b)波面升高一阶空间偏导数

(b)一阶偏导数插值计算误差

图 5.5　波面升高一阶偏导数的插值结果和解析解对比（右侧区块，$v = 0.5$）

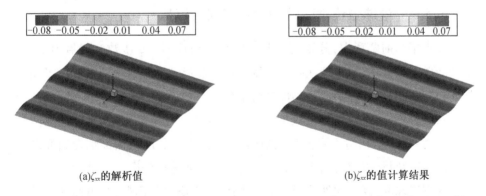

(a)ζ_{xx}的解析值　　　　　　　　　　　　(b)ζ_{xx}的值计算结果

图 5.6　波面升高二阶偏导数的插值结果和解析解对比（$x \in [-20, 20], y \in [-20, 20]$）

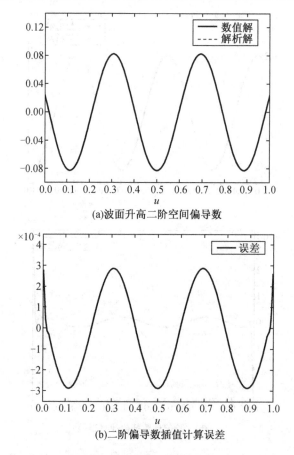

(a)波面升高二阶空间偏导数

(b)二阶偏导数插值计算误差

图5.7 波面升高二阶偏导数的插值结果和解析解对比（右侧区块，$v=0.5$）

5.5.2 半球强迫垂荡运动辐射波浪力模拟

在本书的前两章中，分别利用基于时域自由面 Green 函数和时域 Rankine 源的相关计算方法，对半球在静水中做强迫垂荡运动的辐射波浪力进行了相关研究，并对相关的计算参数敏感性进行了分析。本章将不再对半球表面网格数目收敛性进行分析，而是直接根据第三章的数值计算结果，选取半球的离散节点数目为405，此外，将主要针对控制面距离浮体的尺寸、自由面和控制面网格单元的离散数目，以及时间步长的收敛性几个方面进行分析。

根据半球的形状，此处选择 Oval 形贴体自由面进行离散，自由面计算域的截断半径为 $R_c=3R$，漂浮半球半径为 $R=1.0$，半球湿表面离散节点数目为405，整个自由面网格的离散情况为半周向离散 $Na=40$ 份、径向离散 $Nr=20$

份,其中每两份分段组成一个二次曲面元,如图 5.8 所示。

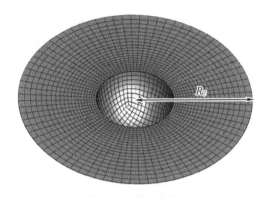

图 5.8　自由面网格离散示意图

在利用时域 Rankine – Green 混合源边界元法求解船舶和波浪的相互作用问题时,控制面网格单元的离散数与内部流体域 Rankine 源法控制面上波浪外传的效率直接相关,进一步决定了数值计算结果的好坏。因此,本书首先对数值模拟中的控制面上网格离散尺度收敛性进行了数值验证,不同控制面上网格划分情况如表 5.1 所示。

表 5.1　控制面上不同网格单元离散

网格名称	控制面节点
网格 a	90
网格 b	162
网格 c	550

图 5.9 给出了半球强迫垂荡运动辐射波浪力在不同控制面节点离散数目下的对比结果,以及和 Hulme 提供的半解析值的对比。此处,波长参数取为 $kR = 3.0$,k 为波数,$R = 1.0$ 为半球的半径,强迫垂荡运动幅值取为 $a/R = 0.05$,时间步长取为 $\Delta t = T/60$,T 为半球强迫垂荡运动的周期。由图 5.9 可知,控制面上离散节点数目为 162 和 550 之间的计算结果并无明显差别,且均与 Hulme 提供的解析解吻合很好。因此在实际的半球形控制面计算中,控制面上离散节点数目为 162 便能够满足收敛性要求。

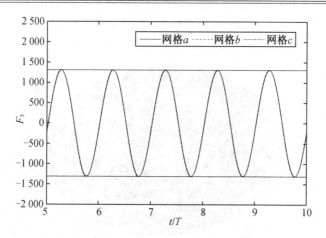

图 5.9　不同控制面节点离散数下半球垂荡辐射波力 $kR = 3.0$

　　此外,本书还对控制面距离海洋浮体距离的收敛性进行了检验,不同控制面半径下数值模拟得到的半球强迫垂荡运动辐射波浪力如图 5.10 所示。由图 5.10 可知,控制面半径为 $R_C = 3R$ 和 $R_C = 4R$ 之间的数值计算结果基本一致,故控制面半径取为 $R_C = 3R$ 已经能够满足实际计算需求。

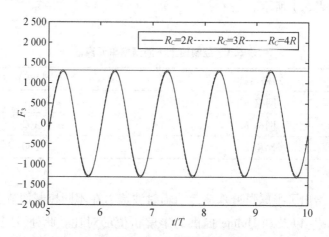

图 5.10　不同控制面半径下半球垂荡辐射波力 $kR = 3.0$

　　除此之外,本书还对时间步长和自由面网格的离散尺寸进行了收敛性检验,不同时间步长下数值计算得到的半球垂荡辐射波力如图 5.11 所示,不同自由面网格离散下数值计算得到的半球垂荡辐射波力如图 5.12 所示。通过不同的时间步长所计算得到的数值结果和解析值的对比,发现时间步长取为 $\Delta t = T/$

60 时已经能够满足工程计算需求。通过不同的自由面网格离散尺寸所计算得到的数值结果和解析值的对比,发现一个波长离散为 8 个节点时已经能够满足工程计算需求。

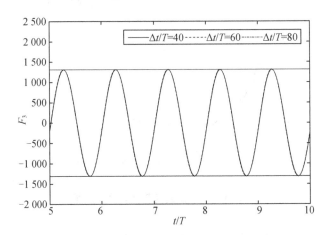

图 5.11　不同时间步长下半球垂荡辐射波力 *kR* = 3.0

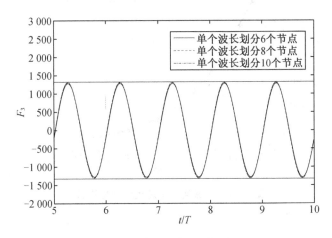

图 5.12　不同自由面网格离散下半球垂荡辐射波力 *kR* = 3.0

为了较为全面地验证本章所提出的数值计算方法的准确性,本书对不同的波长情况分别做了对应的数值计算,计算中时间步长取为 $\Delta t = T/60$,控制面上离散节点数目为 162,控制面半径取为 $R_C = 3R$,一个波长离散节点数目最少为 8 个。利用谐波分析法,对所得的强迫垂荡辐射波浪力进行傅里叶变换得到的无量纲形式的附加质量和阻尼系数分别如图 5.13 和图 5.14 所示,从图中可以看出数值解与解析值吻合良好。

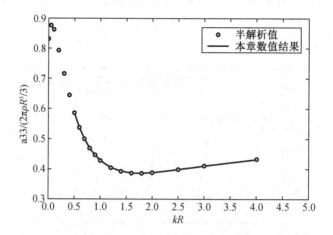

图 5.13 半球强迫垂荡运动附加质量

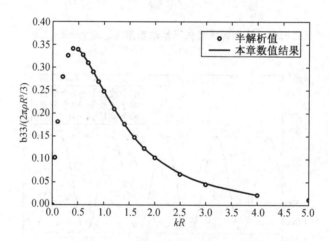

图 5.14 半球强迫垂荡运动阻尼系数

5.5.3 Wigley I 型船波浪中航行运动响应模拟

为了进一步验证本章所提出的时域 Rankine – Green 混合源数值算法在求解波浪中航行船舶非定常运动时的稳定性和有效性,以 Wigley I 型船舶在波浪中航行时的船体运动响应数值模拟为例来进行研究。在第二章中已经对该船舶的数学解析表达式以及试验值的来源进行过描述,并且在第三章中对船体湿表面网格尺寸收敛性进行了相关验证。此处将着重探讨和时域 Rankine –

Green 混合源相关的计算参数收敛性,包括时间步长、控制面尺寸和控制面网格单元离散数目,从而为应用本章方法进行波浪载荷和运动响应数值模拟的参数选取提供参考。

同第四章,此处仅对船舶在垂荡和纵摇两个方向设置自由度,而限制其他方向的运动。除特别说明外,在本节所有有航速的数值模拟中,船体湿表面的离散情况均为 $NL = 50$、$NB = 12$,自由面的截断选取均为船舶 x 轴下游向后延伸 $L_a = 0.30\ L_{pp}$,y 轴延伸 $Lb = 0.1\ L_{pp}$,x 轴上游向前延伸 $L_f = 0.15\ L_{pp}$,如图 5.15 所示。

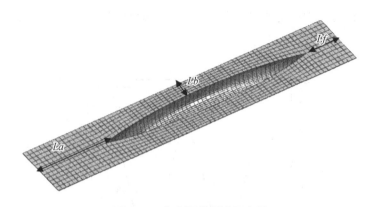

图 5.15　自由面截断域示意图

此处,将针对波浪中自由航行船舶运动响应进行数值模拟,为了与 Journee 提供的试验测量值进行对比,仅在垂荡运动和纵摇运动两个方向上设置自由度,而限制其他方向上的船体运动,数值计算时入射波的波幅取为船长的 0.01 倍。

与第三章中基于时域自由面 Green 函数的计算方法相比,此处时间步长额外影响自由面条件中时间变量的积分精度。与单纯应用时域 Rankine 源法相比,此处时间步长额外影响与自由面 Green 函数相关的时间卷积积分的计算精度,同时直接影响 Green 函数的计算次数。故此处有必要对与时域 Rankine – Green 混合源相关的时间步长收敛性进行分析,以在能够保证满足工程计算精度的前提下提高计算效率。

图 5.16 给出了不同时间步长下数值计算得到的船体垂荡和纵摇运动响应时历。由图可知,随着时间步长的变小,船体的垂荡和纵摇运动响应数值模拟结果很快趋于收敛,且纵摇运动的收敛速度略快于垂荡运动的收敛速度。因

此,对于实际的工程计算而言,时间步进长度取为 $\Delta t = T_e/60$ 既可满足时间步长收敛性的要求。

对于波浪中航行船舶,控制面的形状选取为矩形,因此有必要对控制面的底部距离自由面的距离 T_c 进行相关的收敛性分析。为了实现控制面网格的自动化分,此处引入无量纲参数 $\alpha = T_c/T$ 来对控制面底部距离自由面的尺寸进行控制,其中 T 为所计算船舶的吃水。不同控制面底部深度下数值计算得到的船体的垂荡和纵摇运动响应如图 5.17 所示,在该图中,控制面在竖直方向上网格划分均等分为 16 个节点。由图 5.17 可知,控制面吃水的变化对于波浪中航行船舶的垂荡运动响应和纵摇运动响应的影响并不十分明显,故对于一般性的数值计算而言,控制面的吃水选取为 $T_c = 2.0T$ 即可满足实际的工程计算收敛性需求。

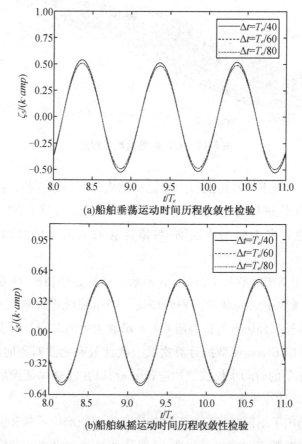

(a)船舶垂荡运动时间历程收敛性检验

(b)船舶纵摇运动时间历程收敛性检验

图 5.16　时间步进长度对船体运动的影响($\lambda/L_{pp} = 1.00$,$Fr = 0.3$)

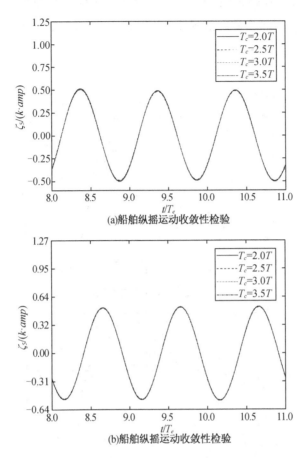

图 5.17　控制面垂向距离对船体运动的影响（$\lambda/L_{\mathrm{pp}} = 1.00$，$Fr = 0.3$）

对于波浪中航行的船舶，自由面的截断域选取为矩形，如图 5.15 所示，矩形自由面的截断尺寸主要由船舶 x 轴下游向后延伸 $L_a = X_a \cdot L_{\mathrm{pp}}$、$y$ 轴延伸 $L_b = X_b \cdot L_{\mathrm{pp}}$、$x$ 轴上游向前延伸 $L_f = X_f \cdot L_{\mathrm{pp}}$ 三个参数来控制。自由面的网格离散尺寸主要根据船体的网格尺寸来自动生成，即艏部自由面纵向相邻节点尺寸取为船体中纵剖线首部前两个节点之间的间距，艉部自由面纵向相邻节点尺寸取为船体中纵剖线尾部后两个节点之间的间距，自由面网格的横向节点尺寸取为水线及水线下部相邻节点之间距离的平均值，然后根据自由面截断域边界网格节点利用有限插值算法自动生成自由面内部节点。不同自由面截断尺寸下得到的船体的垂荡和纵摇运动响应如图 5.18 所示。由图 5.18 可知，随着自由面截断尺寸的增加，船舶的垂荡和纵摇运动响应很快趋于收敛，故对于一般性的数值计算而言,自由面的截断选取均为船舶 x 轴下游向后延伸 $L_a = 0.30\ L_{pp}$、y 轴延伸 $L_b = 0.1\ L_{pp}$、x 轴上游向前延伸 $L_f = 0.15\ L_{pp}$ 即可满足实际的工程计算收敛性需求。

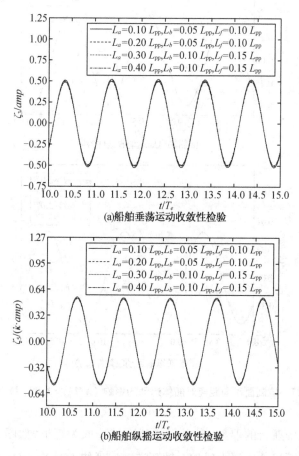

(a)船舶垂荡运动收敛性检验

(b)船舶纵摇运动收敛性检验

图 5.18 自由面截断尺寸对船体运动的影响 ($\lambda/L_{pp} = 1.00$, $Fr = 0.3$)

为进一步验证本章所开发的数值计算方法的有效性,本书系统计算了该船舶在不同入射波波长、不同航速下的垂荡运动响应和纵摇运动响应传递函数,图 5.19 和图 5.20 分别给出了航速为 $Fr = 0.2$ 时的 Wigley Ⅰ 型船舶的垂荡运动响应和纵摇运动响应传递函数,图 5.21 和图 5.22 分别给出了航速为 $Fr = 0.3$ 时的 Wigley Ⅰ 型船舶的垂荡运动响应和纵摇运动响应传递函数。通过数值计算结果和模型试验测量结果之间的对比可知,利用本章所开发的时域 Rankine - Green 混合源算法能够很好地预报船舶在波浪中航行时的运动响应,能够满足实际的工程计算精度要求。此外,通过对比垂荡运动响应和纵摇运动响应的数值解和模型试验测量值可知,纵摇运动响应的数值预报结果要稍微优于垂荡运动的数值预报结果。

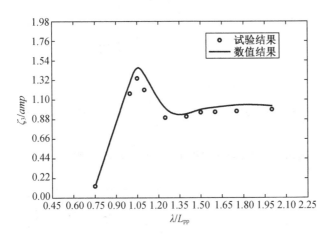

图 5.19　**Wigley I 型船垂荡运动响应传递函数 *Fr* = 0.2**

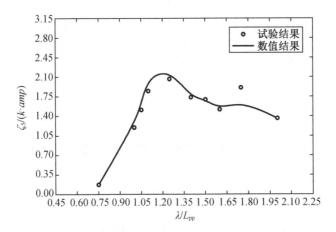

图 5.20　**Wigley I 型船纵摇运动响应传递函数 *Fr* = 0.2**

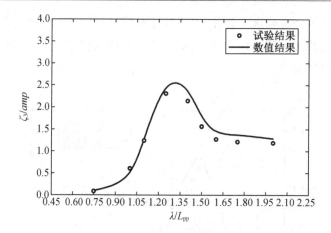

图 5.21　Wigley I 型船垂荡运动响应传递函数 *Fr* = 0.3

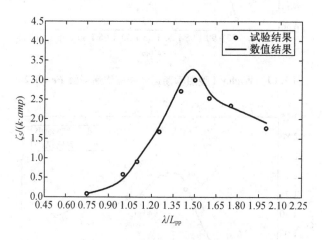

图 5.22　Wigley I 型船纵摇运动响应传递函数 *Fr* = 0.3

5.5.4　S-175 集装箱船波浪中航行运动响应模拟

　　时域自由面 Green 函数当场点和源点同时趋近于自由表面时,Green 函数及其导数具有增幅增频的振荡特性,因此对于外飘型船舶的数值模拟会出现数值发散。但是对于时域 Rankine 源来讲,其自身不满足任何边界条件,因此其适合于任意复杂的自由表面和物面边界条件,故其用于求解外飘型船舶在波浪中航行时的运动响应时,并不会出现数值发散问题。为了结合时域自由面 Green 函数自动满足波浪外传的辐射边界条件和时域 Rankine 在求解外飘型船舶时的稳定性,本章开发了 Rankine - Green 混合源数值求解算法和相应的计算机程序。为了说明所开发的数值计算方法在求解外飘型船舶在波浪中航行时运动响应的适用性,本节以 S - 175 集装箱船为例,数值模拟了该船在波浪中航行时的运动响应,并与 ITTC 提供的模型试验测量值进行对比,以验证所开发计算机程序的准确性。

S - 175 集装箱船的主尺度参数以及试验数据的来源在第四章中已经做过介绍,此处不再赘述。除特别说明外,在本节的所数值模拟中,船体湿表面的离散情况均为 $NL = 50$、$NB = 12$,自由面的截断选取均为船舶 x 轴下游向后延伸 $L_a = 0.30\ L_{pp}$,y 轴延伸 $L_b = 0.1\ L_{pp}$,x 轴上游向前延伸 $L_f = 0.15\ L_{pp}$,如图 5.23 所示,且控制面自动向下延伸两倍的船舶吃水,并进行 16 等分。

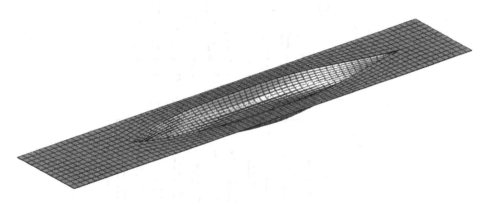

图 5.23　自由面截断域示意图

图 5.24 给出了 S - 175 集装箱船在规则入射波的作用下的典型垂荡和纵摇运动响应时历曲线。在该图的数值模拟过程中,规则入射波的波幅取为 $a/L_{pp} = 1.0/175.0$,规则入射波的波长取为波长船长比等于 1.10,船舶的航速取为 $F_n = U/\sqrt{gL_{pp}} = 0.275$,时间步进长度取为 $\Delta t = T_e/60$。由图 5.24 可知,利用基于本章时域 Rankine - Green 混合源计算方法开发的计算机数值模拟程序,能够针对实际的外飘型船舶进行比较合理的运动响应数值预报,且能够针对外飘型船舶给出比较稳定的数值预报结果,并没有出现利用时域自由表面 Green 函数时所出现的数值发散问题。

为了进一步验证基于本章时域 Rankine - Green 混合源计算方法所开发的数值计算机程序的有效性和稳定性,针对不同波长船长比下的 S - 175 集装箱船的垂荡运动响应和纵摇运动响应的幅频响应算子进行了数值模拟,并与模型试验值进行对比。不同波长船长比下 S - 175 集装箱船的垂荡运动幅频响应算子和纵摇运动幅频响应算子分别如图 5.25 和 5.26 所示。通过数值计算结果和模型试验测量值的对比可知,基于本章的相关方法所开发的数值计算机程序能够针对实际的外飘型船舶给出比较合理的数值预报结果,能够满足实际的工程计算需求。

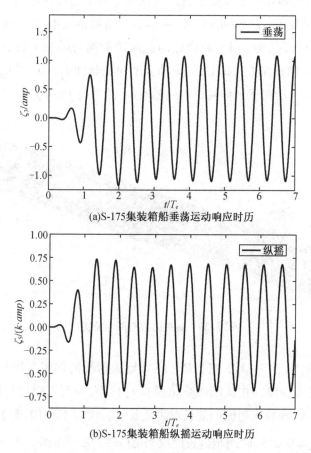

(a)S-175集装箱船垂荡运动响应时历

(b)S-175集装箱船纵摇运动响应时历

图5.24　S－175集装箱船在规则波中的运动响应时历曲线（$\lambda/L_{pp}=1.10$，$Fr=0.275$）

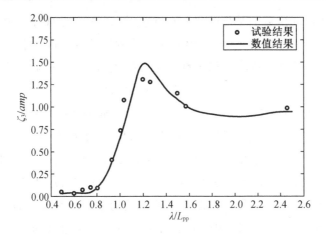

图 5.25　S－175 集装箱船垂荡运动幅频响应算子($Fr = 0.275$)

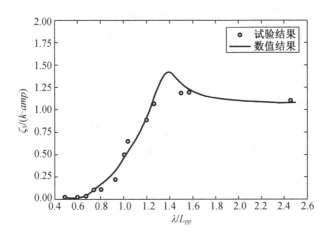

图 5.26　S－175 集装箱船纵摇运动幅频响应算子($Fr = 0.275$)

5.6　本 章 小 结

　　本章通过引入形状任意的虚拟控制面将流场划分为内域和外域,并在内域以 Rankine 源为积分核建立内域满足的边界积分方程,在外域以时域自由面 Green 函数为积分核建立外域满足的边界积分方程,最终根据控制面上速度势及其法向导数连续条件,建立了速度势的匹配求解方程组,从而使所开发的算法不仅能够适用于外飘型船舶运动和载荷响应的求解,还避免了同一控制面形状上自由面 Green 函数的重复求解。通过采用二次高阶曲面元对边界积分方程进行数值离散,保证了不同边界交界处速度势的连续性。通过求解积分形式的自由表面条件,提高了算法的稳定性。通过引入 B – spline 样条函数插值求导算法,保证了所开发数值计算机程序的广泛适用性。

利用 Airy 波验证了基于 B – spline 样条函数插值求导算法的准确性;以自由漂浮半球强迫垂荡运动辐射波浪力的数值模拟为例,检验了控制面网格离散、控制面距离自由面的远近、自由面网格离散以及时间步长收敛性。数值计算结果表明,控制面上离散节点数目取为 162、控制面半径取为 $R_c = 3R$、时间步长取为 $\Delta t = T/60$,即可满足无航速浮体的水动力数值计算需求;以 Wigley I 型船舶在波浪中航行时的运动响应为例,着重探讨了和时域 Rankine – Green 混合源相关的计算参数收敛性,包括时间步长、控制面的尺寸和控制面网格单元离散数目,数值计算结果表明,船体湿表面的离散情况取为 $NL = 50$、$NB = 12$,自由面的截断选取为船舶 x 轴下游向后延伸 $L_a = 0.30 L_{pp}$,y 轴延伸 $L_b = 0.1 L_{pp}$,x 轴上游向前延伸 $L_f = 0.15 L_{pp}$,时间步进长度取为 $\Delta t = T_e/60$,控制面在竖直方向上等分为 16 个节点且向下延伸两倍吃水,即可满足常规船型在波浪中航行时的运动响应数值模拟。此外,通过对 S – 175 集装箱船在波浪中航行时运动响应的数值模拟,表明 Rankine – Green 混合源算法不仅可以对直壁型船舶进行运动和载荷响应的数值模拟,还能够同时胜任外飘型船舶水动力载荷的数值计算。

第6章　中高速船舶波浪载荷计算方法综合分析与应用

6.1　概　　述

随着船舶的大型化和高速化,船舶的安全性问题也变得越来越突出,因此准确合理地预报船舶在波浪中航行时的运动和载荷响应具有十分重要的现实意义。当船舶的航行速度较低时,可以采用基于"高频低速"假定的理论进行船舶运动和载荷响应的合理预报。但是对于中高速排水型船舶的数值预报,由于船舶兴波流场的复杂性,至今为止该问题仍没有得到很好的解决。因此,当前急需开发出一套能够合理地预报中高速排水型船舶运动和载荷响应的水动力数值仿真程序,以为中高速排水型船舶设计中的运动和载荷响应评估提供技术支撑。

本章首先对时域自由面 Green 函数法、时域 Rankine 源法、时域 Rankine - Green 混合源法各自的特点和适用范围进行了分析,并最终以时域 Rankine - Green 混合源法为基础,进行了水动力数值仿真程序的开发。其次,在已知船体运动和加速度前提下,推导了以船舶质量点分布为基础的船体剖面载荷计算表达式;为了模拟船舶在不规则波中航行时的运动和载荷响应,推导了基于能量等分法的不规则波生成策略。再次,基于前述公式,开发了以时域 Rankine - Green 混合源计算方法为基础的数值计算机仿真程序。通过对 DTMB5512 型船舶以不同航速在波浪中航行时的运动响应数值模拟,进一步验证了该方法的工程实用性;通过目标谱与计算谱之间的对比,验证了基于能量等分法的不规则波生成策略的有效性。最后,利用所开发的数值计算机仿真程序对一艘高速排水型水面舰船的一号设计方案进行了运动和载荷响应预报,包括规则波中的响应和不规则波中的响应,并对运动和载荷响应随航速的变化趋势、运动和载荷响应谱及有义值的特点等进行了分析,从而为该舰船的设计方案选型提供了参考。

6.2 三维时域波浪载荷计算方法综合分析

正如本书绪论所述"任何运动和载荷响应数值预报工具的开发都离不开相关水动力理论的发展……",故在进行中高速排水型船舶波浪载荷数值仿真程序开发之前,需要首先对前述波浪载荷计算方法各自的特点和适用性进行分析。

1. 时域自由面 Green 函数计算方法

优点:时域自由面 Green 函数自身自动满足自由表面条件和远方辐射条件,因此只需要在浮体的湿表面上进行网格划分;在大地坐标系下建立时域自由表面 Green 函数为积分核的边界积分方程,不仅可以进行定常航速波浪载荷的预报,还可以方便地进行船舶回转时的波浪载荷预报;由于自由面 Green 函数法只需要在浮体湿表面上进行网格划分,且本书进一步提出了基于加速度势的伯努利方程计算式,因此便于进行物面非线性的拓展。

缺点:时域自由面 Green 函数当场点和源点同时趋近于自由表面时,Green 函数自身具有增幅、增频的振荡特性,因此对于外飘型船舶波浪载荷的数值模拟会出现数值发散现象;时域自由面 Green 函数自身满足线性化的自由表面条件,因此对于非线性的自由表面条件便显得无能为力。

2. 时域 Rankine 源计算方法

优点:时域 Rankine 源形式简单,计算速度要明显大于自由面 Green 函数的计算速度;时域 Rankine 源不满足自由表面条件,因此需要在自由面上划分网格,故其理论上适合形式更为复杂的自由表面条件;时域 Rankine 源法对于外飘型船舶波浪载荷的数值模拟不会出现数值发散现象。

缺点:时域 Rankine 源法需要在浮体湿表面和自由表面上同时分布源汇,增加了额外的计算量;时域 Rankine 源自身并不满足远方辐射条件,因此为了避免外传波浪的反射,需要在自由表面上分布很大的阻尼层以充分吸收外传波浪;为了保证波浪的吸收效果,阻尼层的尺寸通常需要大于一倍的波长,故对于长波或者不规则波中波浪载荷的数值模拟,为了取得很好的波浪吸收效果,需要设置很长的阻尼区以及人为调节阻尼层的吸波强度,大大增加了计算量和参数设置上的困难。

3. 时域 Rankine – Green 混合源计算方法

优点:时域混合源方法在内部流体域应用时域 Rankine 源作为积分核,因此其适合于求解外飘型船舶的波浪载荷;时域混合源方法需要在内部流体域的自由面上划分网格,因此其适合于求解局部自由面非线性问题;时域混合源方法内部 Rankine 源的辐射边界条件由外部流体域的时域自由面 Green 函数所构建的边界积分方程自动提供,因此波浪外传效率高,且自由面的截断尺寸相比于单纯应用 Rankine 源法可以大为缩减;对于主尺度相似、几何外形不同的浮体,可以选择相同的控制面形状,从而避免了时域自由面 Green 函数的重复计算;由于时域混合源方法波浪外传效率高,因此对于长波、短波以及不规则波中波浪载荷的数值模拟均能给出理想的数值计算结果。

缺点:时域混合源方法需要同时在浮体湿表面、局部自由表面和控制面上进行网格的划分,增加了网格划分的复杂性;时域混合源方法是对时域 Rankine 源法和时域自由面 Green 函数法的综合应用,因此其理论难度要大于前两者。

4. 波浪载荷仿真程序计算方法选择

为了使所开发的波浪载荷数值仿真程序能够同时适用于直壁型和外飘型船舶的求解,且能够同时针对船舶在规则波和不规则波中航行时的运动和载荷响应进行模拟,本书最终以时域 Rankine – Green 混合源计算方法作为基础,进行波浪载荷数值仿真程序的开发。由本书第二章和第五章的研究内容可知,本书已经开发了一种较为完备的物面、自由面以及控制面网格自动划分程序,故解决了网格划分复杂性问题。

6.3　基于质量点分布的船体剖面载荷计算

船体梁剖面载荷响应定义为沿 x 轴的法向剪切力 V_1,沿 y 轴的侧向剪切力 V_2,沿 z 轴的垂向剪切力 V_3,沿 x 轴的扭转力矩 M_1,沿 y 轴的垂向剪切力矩 M_2,沿 z 轴的侧向剪切力矩 M_3。为了公式推导方便,本书将船体梁剖面载荷统一定义为 $V_i(i = 1 \sim 6)$。此外,为了与全船有限元模型中载荷定义相一致,本书中所有推导,其位置矢量均在固结于船体的坐标系下进行表达,且剖面载荷均在固结于船体的坐标系下进行定义,其中剪切力 $V_i(i = 1 \sim 3)$ 定义为沿固结于船体坐标系对应轴的正方向为正,载荷力矩 $V_i(i = 4 \sim 6)$ 定义为沿固结于船体坐标系对应轴的力矩正方向为正。

如图 6.1 所示,根据力(矩)的平衡原理,位于船体任意位置 x_p 处的船体梁剖面载荷响应可以按照如下公式进行计算

$$V_i(t, x_p) = \int_{V(x_p)} a_{mi} \mathrm{d}m - \int_{S(x_p)} p_i n_i \mathrm{d}S \qquad (6 - 1)$$

其中,a_{mi} 为质量点 m_i 的加速度,dm 表示体积分,dS 表示面积分,其中积分域为由船体的艉部向前至 x_p 处。对于式(6-1)中右端的第一项,其广义惯性力 a_{mi} dm 包含所有的位于 x_p 左侧的质量单元。对于式(6-1)中右端的第二项,其为船体湿表面的压力项,n_i 为船体湿表面上的广义法向量,在固结于船体的坐标系下进行表达,其中 n_i 可以通过线性化式(2-3)在随船平动坐标系和固结于船体的坐标系之间进行相互转化。

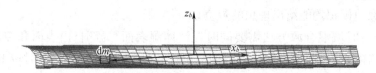

图6.1 船体梁剖面载荷计算中位置矢量的定义

对于广义法向量 $n_i(i=1\sim3)$,其定义与计算船体运动响应中的法向量定义相一致,但是其在固结于船体的坐标系下进行表达

$$(n_1,n_2,n_3)=\boldsymbol{n} \tag{6-2}$$

对于广义法向量 $n_i(i=4\sim6)$,其代表力的作用点对于船体梁剖面载荷计算位置处的矩,根据定义其可以按照如下的表达式进行计算

$$(n_4,n_5,n_6)=(\boldsymbol{r}-\boldsymbol{r}_p)\cdot\boldsymbol{n} \tag{6-3}$$

其中,$(\boldsymbol{r}-\boldsymbol{r}_p)$ 表示力的作用点 dS 相对于船体梁的剖面载荷计算点 $\boldsymbol{r}_p$ 的位置矢量。

对于船体质量点的广义加速度,$a_i(i=1\sim3)$ 可以按照如下表达式进行计算

$$(a_{m1},a_{m2},a_{m3})=\dot{\boldsymbol{u}}+\dot{\boldsymbol{\omega}}\times\boldsymbol{r}_m-\boldsymbol{g} \tag{6-4}$$

其中,$\boldsymbol{g}=D_X\cdot(0,0,-g)^T$ 代表质量点的重力加速度,故船体梁剖面载荷计算表达式中包含有静水压力。即按照式(6-1)计算得到的船体梁剖面载荷中包含静水剪力和弯矩。

对于船体质量点的广义加速度,$a_i(i=4\sim6)$ 代表质量点惯性力对于剖面载荷计算位置处的力矩作用,其可以按照如下表达式进行计算

$$(a_{m4},a_{m5},a_{m6})=(\boldsymbol{r}_m-\boldsymbol{r}_p)\times\boldsymbol{a}_m \tag{6-5}$$

式中,$(\boldsymbol{r}_m-\boldsymbol{r}_p)$ 表示质量点的位置矢量相对于船体梁剖面载荷计算点的相对位置。

由于上述船体梁剖面载荷计算表达式中包含有船体梁的静水载荷,若想得到船体梁的剖面动载荷,需要在计算结果中减去船体梁的静水载荷。此外,除非特殊说明,在所有的计算结果中,船体梁的剖面载荷计算位置均取为 $(x_p,0.0,z_g)$。

6.4　基于能量等分法的不规则波生成机理

对于满足线性化自由表面条件的无限水深平面进行波,其对应的速度势可以写为如下形式[9]

$$\Phi_I = \frac{ag}{\omega} e^{kz} \sin[k(x\cos\beta + y\sin\beta) - \omega t] \qquad (6-6)$$

式中　β——入射波的浪向角;

a——入射波的波幅;

ω——入射波的波浪圆频率;

k——入射波的波数;

g——重力加速度。

其中波数和波浪圆频率之间可以通过如下表达式进行相互转换

$$\omega^2 = gk \qquad (6-7)$$

对于式(6-6)所示规则入射波,其对应的波面升高为

$$\eta_I = a\cos[k(x\cos\beta + y\sin\beta) - \omega t] \qquad (6-8)$$

长峰波通常是指波峰线或者波谷线的长度大于三倍波长的波浪,而短峰波通常是指由多组不同方向的规则波叠加而成的波峰线较短的波浪。本书将主要采用长峰不规则波来模拟船舶在随机波浪中航行时的运动及载荷响应。

对于长峰不规则波的数学生成,其一般可以写成若干个不同频率、不同波幅和不同浪向的规则波叠加而成,即

$$\Phi_I = \sum_{i=1}^{n} \frac{a_i g}{\omega_i} e^{k_i z} \sin[k_i(x\cos\beta + y\sin\beta) - \omega_i t + \varepsilon_i] \qquad (6-9)$$

式中　β——浪向角;

g——重力加速度;

a_i——入射波的波幅;

ω_i——入射波的波浪圆频率;

k_i——入射波的波数;

ε_i——定义在$[0,2\pi]$上均匀分布的随机相位。

根据海浪的随机线性模式,常把海浪视为由多个不同频率、不同波幅和不同浪向且相位随机的线性简谐波叠加而成的不规则波系,利用概率论的相关知识可以证明[47]:此种形式构成的随机波浪,其波面升高服从均值为零的、各态历经的平稳正态过程。由此,海浪通常可用谱密度来表示其随机特性。

对于频率谱 $S(\omega)$，其与波幅之间存在如下关系

$$\int_0^\infty S(\omega)\mathrm{d}\omega = \frac{1}{2}\sum_{i=1}^\infty a_i^2 \tag{6-10}$$

根据上式，进一步可以得到各个波浪分量的波幅

$$a_i = \sqrt{2S(\omega_i)\Delta\omega_i} \tag{6-11}$$

对于在波浪中航行船舶的载荷预报，最理想的状态是直接利用船舶实际营运海域中的实测海浪谱来估算其在波浪中航行时的载荷响应。然而，当不具备船舶实际运行海域的海浪资料时，通常可以采用已归纳出来的、具有一定波浪特征参数的各种海浪谱表达式来进行分析。在上个世纪中后期，很多学者都对海浪谱的形式进行了研究，比如 P-M 谱、Jonswap 谱等。本书将采用适合于无限海域的双参数谱来生成适用于本书计算需求的不规则入射波，双参数谱可以写成如下的表达式

$$S(\omega) = \frac{173 H_{1/3}{}^2}{T_1{}^4 \omega^5}\exp\left(-\frac{691}{T_1{}^4 \omega^4}\right) \tag{6-12}$$

式中　$S(\omega)$——海浪谱密度；

$\quad\quad H_{1/3}$——有义波高；

$\quad\quad T_1 = 0.772 T_p$——波浪的特征周期；

$\quad\quad T_p$——谱峰周期。

为了生成在数值计算中需要的不规则波，通常需要根据海浪谱来反推对应的不规则波。根据已知的海浪谱来生成不规则波的方法一般有等分频率法和等分能量法[82]，此处将采用等分能量法生成数值计算中所需要的不规则波。

利用等分能量法生成不规则波的核心思想是，将波能谱的谱面积等分成 n 份面积相等的部分，从而进一步生成每个子波分量的波幅和圆频率，通过对每个子波进行叠加最终形成数值计算需要的不规则波时历。

对于给定波能谱，其波能谱面积可以根据下式进行计算

$$E(\infty) = \int_0^\infty S(\omega)\mathrm{d}\omega \tag{6-13}$$

将能量进行 n 等分，则各个分界点频率可以根据下式进行计算

$$E(\omega_i') = \frac{iE(\infty)}{n} = \frac{im_0}{n} \tag{6-14}$$

根据上式可以进一步得到各个区域的代表频率

$$\omega_i = \frac{\displaystyle\int_{\omega_{i-1}}^{\omega_i}\omega S(\omega)\mathrm{d}\omega}{\displaystyle\int_{\omega_{i-1}}^{\omega_i}S(\omega)\mathrm{d}\omega} \tag{6-15}$$

其对应的各个子波波幅可以写为

$$a_i = \sqrt{\frac{2m_0}{n}} \qquad\qquad (6-16)$$

6.5　波浪载荷数值仿真程序开发与有效性验证

6.5.1　波浪载荷数值仿真程序开发

基于第二章所描述的船体网格和贴体自由面网格生成算法、第五章所描述的三维时域 Rankine - Green 混合源计算方法和控制面网格的自动生成算法、本章第三节和第四节所描述的基于质量点分布的船体剖面载荷计算式和基于能量等分法的不规则波生成算法,应用 Intel Fortran 编译了相应的三维时域波浪载荷数值仿真程序,实现了理论研究向工程实用计算的转化,从而为我国中高速排水型船舶设计中的运动和载荷响应评估提供了重要的技术支撑。

该程序能够同时针对直壁型和外飘型船舶进行运动和载荷响应的数值模拟,且能够准确合理地考虑船舶航速效应,因此能够用于中高速排水型船舶的载荷响应评估。所开发的三维时域波浪载荷数值仿真程序系统的计算流程如图 6.2 所示。

为了进一步说明所开发的基于时域混合源法的波浪载荷数值仿真程序的计算流程,对流程图 6.2 详细解释如下:

(1)初始时刻,读入入射波类型,若为规则波,则进一步输入入射波的波幅、圆频率、浪向,若为不规则波,则进一步输入海浪谱的有义波高和谱峰周期;读入船舶的垂线间长、航行速度;读入数值模拟总的时间长度以及时间步进长度。

(2)读入船体的外壳几何型线,根据船体型值生成船体水动力网格、自由面上贴体网格以及控制面网格;读入船体的质量点分布,生成船体的质量矩阵并计算船舶重心位置;根据船体的湿表面网格和重心位置生成恢复力矩阵。

(3)根据物面网格节点、自由面网格节点、控制面网格节点坐标生成混合源方程组系数矩阵;根据控制面网格节点信息、船舶航行速度、模拟时间步长搜索控制面数据库,若存在,则直接调用 Green 函数值,若不存在,则进行控制面上 Green 函数波动项插值计算,并进行二进制文件存储。

船舶运动微分方程,得到当前时刻的船体运动位移、速度、加速度,若进行剖面载荷的计算,则根据质量点分布和压力分布进行船体剖面载荷计算;根据控制面上的速度势和速度势法向导数值计算控制面上的时间卷积积分;计算船体湿表面上的入射波速度势梯度及时间偏导数。

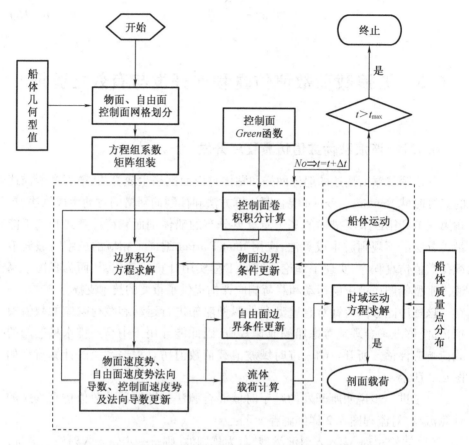

图6.2 三维时域波浪载荷数值仿真程序系统计算流程图

（5）求解当前时间步下的匹配方程组，从而得到当前物面速度势、自由面上速度势的法向导数、控制面上速度势及其法向导数值；通过求解伯努利方程得到当前时刻作用于船体湿表面上的压力值；

（6）判断数值模拟时间是否结束，若未结束，则重复（4）-（5）步。

6.5.2　波浪载荷数值仿真程序有效性验证

为了对本章所开发的中高速船舶波浪载荷数值仿真程序的有效性进行进一步验证，此处以 DTMB5512 型船舶为例，通过不同航速下 DTMB5512 型船舶数值计算结果和模型试验测量结果之间的对比，来进一步验证所开发的数值仿真程序在中高速船舶水动力数值模拟中的工程实用性。

DTMB5512 的典型三维视图如图 6.3 所示，DTMB5512 的主尺度参数以及质量特性见表 6.1。由图 6.3 可知,该船具有明显的艉部外飘特征,且在船首底部具有一声纳探测球形结构。

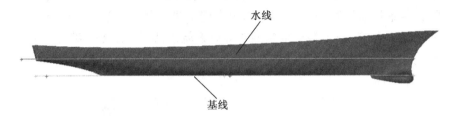

图 6.3　DTMB5512 型船舶典型三维视图

表 6.1　DTMB5512 型船舶主尺度参数

物理量	符号	单位	5512	全尺度
垂线间长	L_{pp}	m	3.048	142.040
型宽	B	m	0.405	18.870
吃水	T	m	0.132	6.150
方形系数	C_B		0.506	0.506
重心距艉垂线距离	x_{CG}	m	1.537	71.580
重心距基线距离	z_{CG}	m	0.162	7.550
纵摇回转半径	K_{yy}/L_{pp}	—	0.250	0.250

对于 DTMB5512 型船舶,IIHR[151] 大学提供了该船以不同航速在顶浪航行时的垂荡和纵摇运动响应的模型试验测量值,故本书将以该型船舶为例来进一步验证所开发的数值算法的有效性。在本节的所数值模拟中,船体湿表面的离散情况均为 $NL = 50$、$NB = 12$,自由面的截断选取均为船舶 x 轴下游向后延伸 $L_a = 0.30\, L_{pp}$,y 轴延伸 $L_b = 0.1\, L_{pp}$,x 轴上游向前延伸 $L_f = 0.15\, L_{pp}$,对于控制面上的网格生成,均选择控制面底部向下延伸两倍的吃水,并在控制面垂向方向进行节点 16 等分,时间步长均取为 $\Delta t = T_e/80$,入射波的波幅均取为 $k_a = 0.025$,数值计算波长船长比的区间取为 $0.5 \sim 3.0$。

为了验证本书基于混合源法所开发的数值仿真程序的有效性,本书系统对比了该船以不同航速在不同海况下航行时的运动响应,与 IIHR 大学提供的试验数据相一致,DTMB5512 在规则波中的航行速度分别取为 $Fr = 0.00$、$Fr = 0.19$、$Fr = 0.28$、$Fr = 0.34$、$Fr = 0.41$,其对应的节数分别为 0 kn、14 kn、20 kn、25 kn、30 kn。

图 6.4 和图 6.5 分别给出了 DTMB5512 型船舶在 $Fr = 0.00$ 时,不同波长船

长比下的垂荡运动响应和纵摇运动响应数值计算结果。由图可知,与模型试验测量值相比,纵摇运动整体吻合良好,垂荡运动响应在第一个数据点处的结果差别较大,其原因可能是该数据点处船体湿表面的变化对于垂荡运动结果影响显著,而本书目前计算是在船体平均湿表面上进行的。通过整体对比可以看出,本书的混合 Green 函数数值模型能够对无航速情形给出令人满意的数值计算结果。

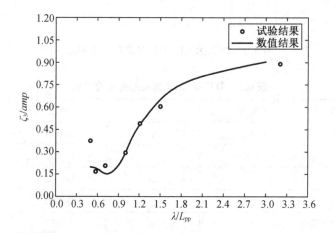

图 6.4　DTMB5512 垂荡运动幅频响应算子($Fr = 0.0$)

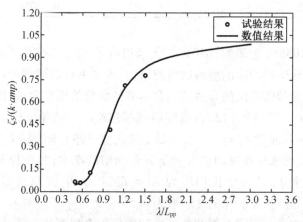

图 6.5　DTMB5512 纵摇运动幅频响应算子($Fr = 0.0$)

图 6.6 和图 6.7 分别给出了 DTMB5512 在 $Fn = 0.19$ 时,不同波长船长比下的垂荡运动响应和纵摇运动响应数值计算结果和模型试验测量值之间的对比。由图可知,低航速情形下,本书的混合 Green 函数数值模型在整体上能够给

出令人满意的数值预报精度。纵摇运动响应在最后一个数据点处的结果差别较大,但是数值模拟给出的计算结果其精度仍在可以接受的范围内。

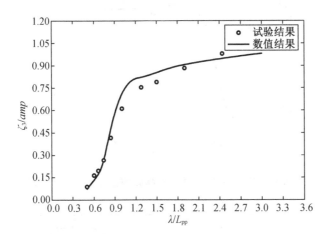

图 6.6　DTMB5512 垂荡运动幅频响应算子($Fr = 0.19$)

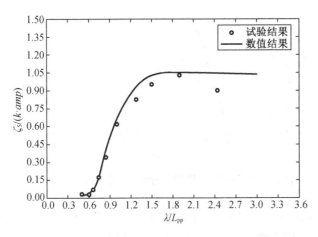

图 6.7　DTMB5512 纵摇运动幅频响应算子($Fr = 0.19$)

图 6.8 和图 6.9 分别给出了 DTMB5512 在 $Fr = 0.28$ 时,不同波长船长比下的垂荡运动响应和纵摇运动响应数值计算结果。由图可知,中航速情形下,本书的混合 Green 函数数值模型在整体上能够给出令人满意的运动预报结果。此外,可以看出在响应峰值处的数值预报结果要大于模型试验值,其原因是响应峰值处船体湿表面变化大,而当前的程序主要针对航速效应,并没有考虑船体瞬时湿表面的变化。

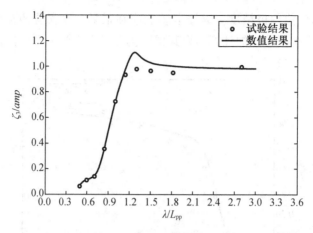

图 6.8   DTMB5512 垂荡运动幅频响应算子($Fr = 0.28$)

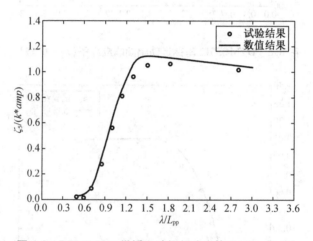

图 6.9   DTMB5512 纵摇运动幅频响应算子($Fr = 0.28$)

图 6.10 和图 6.11 分别给出了 DTMB5512 在 $Fr = 0.34$ 时,不同波长船长比下的垂荡运动响应和纵摇运动响应数值计算结果。与模型试验测量值的对比可知,中高航速情形下,本书混合 Green 函数数值模型给出的数值计算结果依然令人满意。同样,在响应峰值处,数值预报结果要略大于模型试验值,但是数值模拟给出的计算结果其精度仍在可以接受的范围内。

图 6.12 和图 6.13 分别给出了 DTMB5512 在 $Fr = 0.41$ 时,不同波长船长比下的垂荡运动响应和纵摇运动响应数值计算结果。由图可知,高航速情形下,本书的混合 Green 函数数值模型给出的运动响应预报结果仍在可以接受的范围内,但是在响应峰值处的数值预报结果要略大于模型试验值。

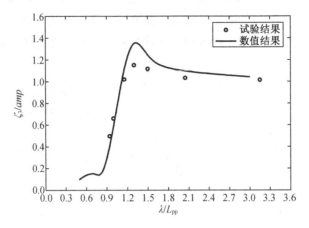

图 6.10　DTMB5512 垂荡运动幅频响应算子($Fr = 0.34$)

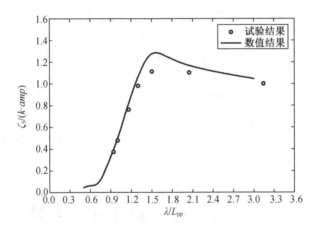

图 6.11　DTMB5512 纵摇运动幅频响应算子($Fr = 0.34$)

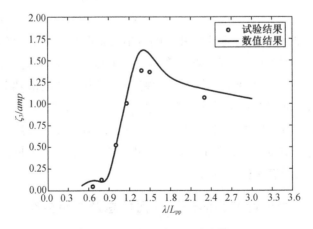

图 6.12　DTMB5512 垂荡运动幅频响应算子($Fr = 0.41$)

通过不同航速下的数值预报结果和模型试验测量值之间的对比分析可知，基于混合源方法所开发的计算机程序能够在整体上给出较好的工程精度。

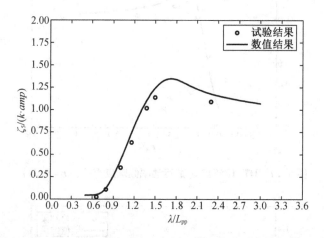

图 6.13　DTMB5512 纵摇运动幅频响应算子($Fr = 0.41$)

数值结果和模型试验测量值均表明，随着航速的提高，船体的运动响应峰值明显增大。因此，在船舶的初始设计阶段，非常有必要采用本章所开发的计算机程序对中高速排水型船舶的运动和载荷响应进行评估，以合理考虑船舶航速效应。

6.6　波浪载荷仿真程序在高速水面舰船设计中的应用

至此，基于时域混合源方法所开发的波浪载荷数值仿真程序的有效性和数值稳定性已经得到了初步验证，数值算例包括半球、Wigley I 型船舶、S – 175 集装箱船舶、DTMB5512 型船舶。本书最后将利用所开发的波浪载荷数值仿真程序对一艘高速水面舰船的一号设计方案进行运动和载荷响应的评估，包括在规则波中的垂荡、纵摇、剪力、弯矩响应，并进一步利用双参数海浪谱对一号设计方案在不规则波中的运动和载荷响应时历进行模拟，进而对不同航速下得到运动和载荷响应谱及有义值进行对比分析。

6.6.1　一号设计方案的外壳几何信息及质量分布

高速水面舰船一号设计方案的典型横剖面图和主持度参数以及质量特性

分别如图 6.14 和表 6.2 所示。由图 6.14 可知,该设计方案在首部具有一球鼻首,在艉部水线以下具有典型的艉部外张特征。

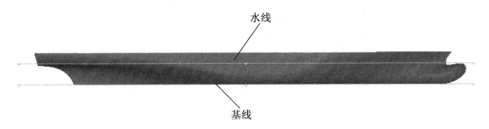

图 6.14　一号设计方案典型三维视图

表 6.2　一号设计方案主尺度参数

参数	符号	单位	值
总长	L_{oa}	m	142.000
垂线间长	L_{pp}	m	127.000
型宽	B	m	20.800
吃水	T	m	6.500
方形系数	C_B	—	0.570
排水量	∇	m^3	8 845.789
重心距艉垂线距离	x_{CG}	m	64.250
重心距基线距离	z_{CG}	m	8.640
纵摇回转半径	K_{yy}/L_{pp}	—	0.277

图 6.15 和图 6.16 分别给出了一号设计方案在静水中的弯矩和剪力沿船长方向的分布,图中剪力向上为正、弯矩中拱为正,且由于 1 号站并未处于船体梁的末端,因此该站位处的静水剪力和弯矩并不等于零。在本章后文的计算中,除特别声明之外,所有的剖面载荷计算位置均为船中剖面、船舶重心高度。另外,在本节的所有数值模拟中,船体湿表面的离散情况均为 $NL=50$、$NB=12$,自由面的截断选取均为船舶 x 轴下游向后延伸 $L_a=0.30\,L_{pp}$,y 轴延伸 $L_b=0.1\,L_{pp}$,x 轴上游向前延伸 $L_f=0.15\,L_{pp}$,对于控制面上的网格生成,均选择控制面底部向下延伸两倍的吃水,并在控制面垂向方向进行节点 16 等分,时间步长均取为 $\Delta t=T_e/80$,入射波的波幅均取为 $k_a=0.01$,数值计算波长船长比的区间取为 $0.7-3.0$。一号设计方案在波浪中的航行速度分别取为 $Fn=0.00$、$Fn=$

0.15、$Fn=0.25$、$Fn=0.35$,其对应的节数分别为 0 kn、10 kn、17 kn、24 kn。

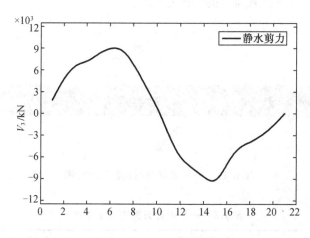

图 6.15   一号设计方案静水剪力曲线

6.6.2   一号设计方案在规则波中的运动及载荷响应分析

本节首先利用所开发的波浪载荷数值仿真程序,对该高速排水型水面舰船的一号设计方案进行了规则波中的运动及载荷响应模拟。

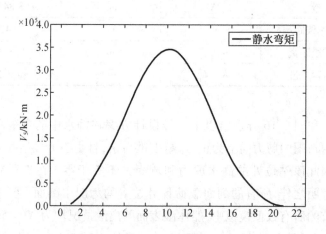

图 6.16   一号设计方案静水弯矩曲线

图 6.17 和图 6.18 分别给出了不同波长船长比下,一号设计方案在单位波幅规则波中的垂荡运动响应和纵摇运动响应幅频响应算子。由图 6.17 和图 6.18 可知,随着船舶航行速度的增加,船舶的垂荡运动响应和纵摇运动响应的最大值逐

渐增加,且最大值出现的位置逐渐向波长较长的方向移动。当波长船长比较小
($\lambda/L_{pp} < 1.2$)时,随着船舶航行速度的增加,船体的运动响应幅值逐渐减小。相
反,当波长船长比较大($\lambda/L_{pp} > 1.6$)时,随着船舶航行速度的增加,船体的运动响
应幅值逐渐增大。图6.19和图6.20分别给出了不同波长船长比下,一号设计方
案在单位波幅规则波中的垂向剪力响应和垂向弯矩响应幅频响应算子。由图
6.19可知,随着航行速度的增加,一号设计方案的船中剖面垂向剪力的最大值逐
渐增加,且当波长船长比较小($\lambda/L_{pp} < 1.6$)时,高航速下的垂向剪力值要明显大
于低航速工况。对于一号设计方案的船中垂向弯矩而言,同样高航速下的船中垂
向弯矩幅值要明显大于低航速工况的值,但是当波长船长比较大($\lambda/L_{pp} > 2.0$)
时,随着航速的增加,弯矩幅值逐渐减小。

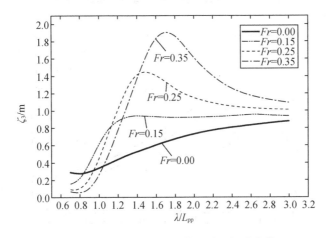

图 6.17　一号设计方案垂荡运动幅频响应算子

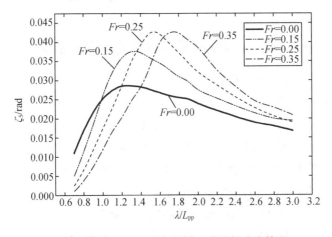

图 6.18　一号设计方案纵摇运动幅频响应算子

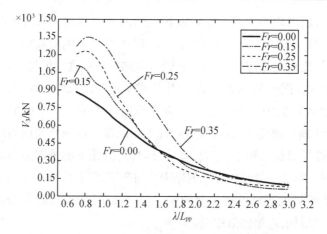

图 6.19 一号设计方案垂向剪力幅频响应算子

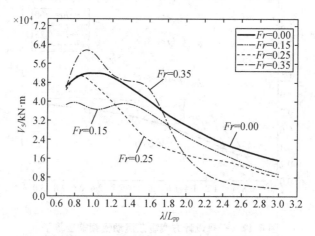

图 6.20 一号设计方案垂向弯矩幅频响应算子

6.6.3 一号设计方案在不规则波中的运动及载荷响应分析

船舶在海洋中航行时,所遭受的海况通常为不规则波,而利用时域方法来模拟中高速航行船舶的运动和载荷响应的优点之一便是能够实时模拟船舶在不规则波中航行时的运动及载荷响应。在本章的第四节中已经对不规则波的生成方法和双参数海浪谱进行过介绍,本节将利用等分能量法进行不规则波的生成,并对不规则波中一号设计方案的运动和载荷响应进行实时预报,并最终利用相关函数法[152]给出对应的能量谱。

图 6.21 给出了目标谱与计算谱之间的对比结果,图 6.22 给出了一组典型的不规则波波面升高时间历程。其中用于生成不规则波的海浪谱选为双参数

谱,有义波高取为 $H_{1/3} = 5.0$ m,谱峰周期取为 $Tp = 10$ s,不规则波模拟的时间步长取为 $\Delta t = 0.1$ s,模拟时长为 1 小时。由图 6.21 可知,目标谱与计算谱之间吻合良好,说明了本书的长峰不规则波生成算法的可靠性。

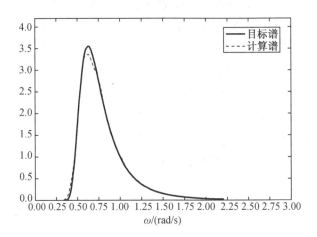

图 6.21　目标谱和计算谱之间的对比结果

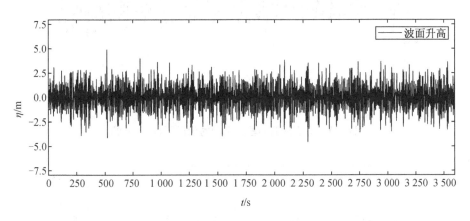

图 6.22　不规则波波面升高时间历程

利用上述生成的不规则波,本书对高速排水型水面舰船的一号设计方案进行了为期 1 小时的不规则波中运动和载荷响应的数值模拟,与规则波模拟中航速的选取相一致,此处船舶的航行速度分别取为 $Fr = 0.00$、$Fr = 0.15$、$Fr = 0.25$、$Fr = 0.35$,其对应的节数分别为 0 kn、10 kn、17 kn、24 kn。

图 6.23 - 6.26 给出了一号设计方案在顶浪航行速度 $Fr = 0.00$ 时的不规则波中运动和载荷响应,图 6.27 - 6.30 给出了一号设计方案在顶浪航行速度 $Fr = 0.15$ 时的不规则波中运动和载荷响应,图 6.31 - 6.34 给出了一号设计方

案在顶浪航行速度 $Fr = 0.25$ 时的不规则波中运动和载荷响应,图 $6.35 - 6.38$ 给出了一号设计方案在顶浪航行速度 $Fr = 0.35$ 时的不规则波中运动和载荷响应。通过一号设计方案以不同航速在不规则波中的运动和载荷响应时历曲线可知,本章所开发的中高速排水型船舶波浪载荷数值仿真程序具有很好的数值稳定性,能够对不同顶浪航行速度下船舶在不规则波中的运动和载荷响应进行长时间的模拟。通过对比不同顶浪航行速度下一号设计方案的垂荡和纵摇运动响应可知,随着航行速度的增加,一号设计方案的垂荡运动响应幅值明显增大,但是纵摇运动响应幅值却稍有减少。通过对比不同顶浪航行速度下一号设计方案的垂向剪力和船中垂向弯矩响应可知,随着航行速度的增加,一号设计方案的船中垂向剪力响应幅值明显增大,对于船中垂向弯矩,当航速不为零时,随着航行速度的增加,船中垂向弯矩幅值逐渐增大。

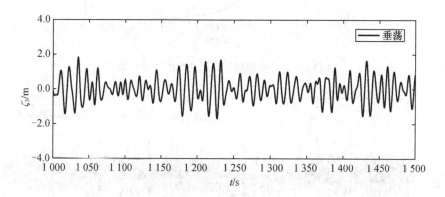

图 6.23　不规则波中垂荡运动时间历程($Fr = 0.00$)

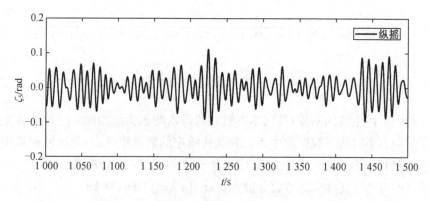

图 6.24　不规则波中纵摇运动时间历程($Fr = 0.00$)

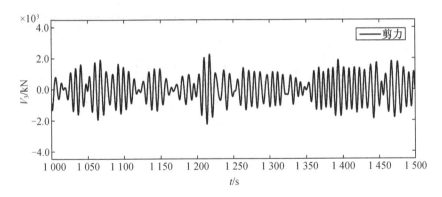

图 6.25　不规则波中垂向剪力时间历程（$Fr = 0.00$）

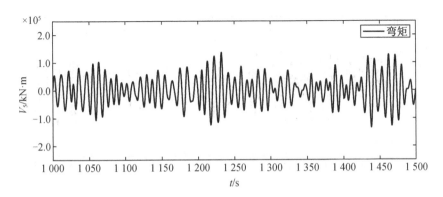

图 6.26　不规则波中垂向弯矩时间历程（$Fr = 0.00$）

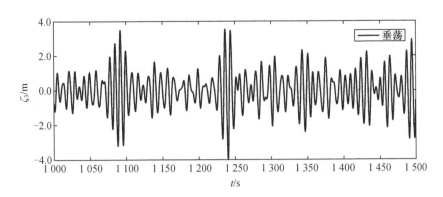

图 6.27　不规则波中垂荡运动时间历程（$Fr = 0.15$）

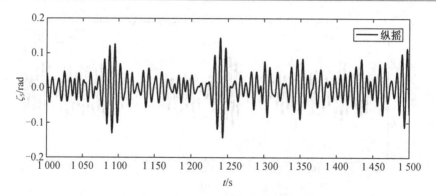

图6.28　不规则波中纵摇运动时间历程($Fr = 0.15$)

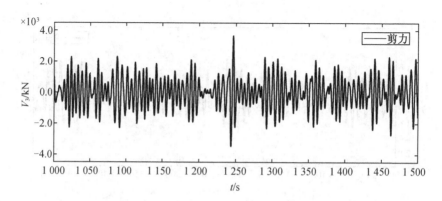

图6.29　不规则波中垂向剪力时间历程($Fr = 0.15$)

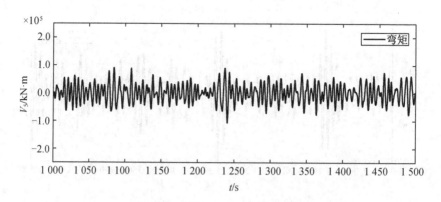

图6.30　不规则波中垂向弯矩时间历程($Fr = 0.15$)

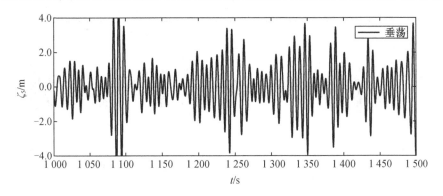

图 6.31　不规则波中垂荡运动时间历程($Fr = 0.25$)

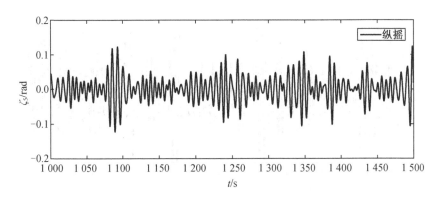

图 6.32　不规则波中纵摇运动时间历程($Fr = 0.25$)

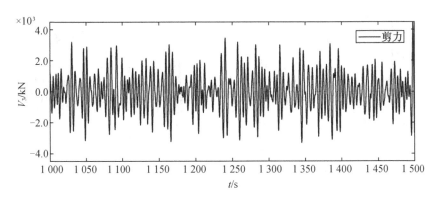

图 6.33　不规则波中垂向剪力时间历程($Fr = 0.25$)

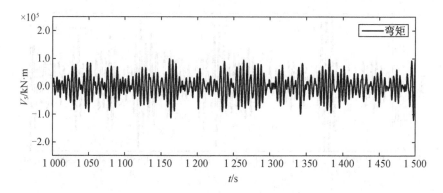

图 6.34　不规则波中垂向弯矩时间历程($Fr = 0.25$)

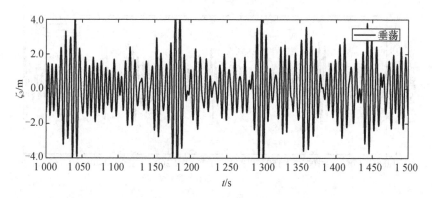

图 6.35　不规则波中垂荡运动时间历程($Fr = 0.35$)

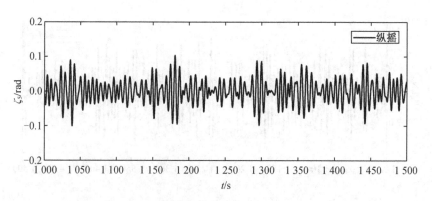

图 6.36　不规则波中纵摇运动时间历程($Fr = 0.35$)

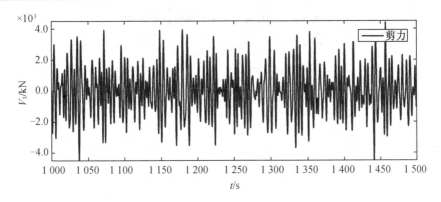

图 6.37　不规则波中垂向剪力时间历程($Fr=0.35$)

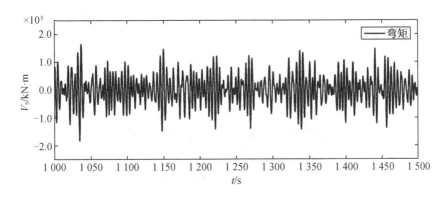

图 6.38　不规则波中垂向弯矩时间历程($Fr=0.35$)

为了更好地说明一号设计方案在不同顶浪航行速度下垂荡运动、纵摇运动以及船中垂向剪力和船中垂向弯矩的特点,本书针对不同航速下的运动和载荷响应时历曲线进行了变换,从而得到了各个航速下的运动和载荷响应能量谱及有义值。表 6.3 给出了不同航速下一号设计方案运动及载荷响应的有义值。图 6.39 给出了一号设计方案在不同航行速度下的垂荡运动响应谱值随着遭遇频率的变化趋势,图 6.40 给出了一号设计方案在不同航行速度下的纵摇运动响应谱值随着遭遇频率的变化趋势,图 6.41 给出了一号设计方案在不同航行速度下的船中垂向剪力响应谱值随着遭遇频率的变化趋势,图 6.42 给出了一号设计方案在不同航行速度下的船中垂向弯矩响应谱值随着遭遇频率的变化趋势。

表6.3　一号设计方案短期统计分析值

航行速度(Fr)	垂荡有义值/m	纵摇有义值/rad	剪力有义值/kN	弯矩有义值/kN·m
0.00	1.321 514 283	0.069 137 544	1 630.022 086	96 072.941 91
0.15	2.122 922 514	0.078 332 624	2 011.813 113	64 260.628 44
0.25	2.727 247 697	0.073 620 649	2 481.548 71	74 671.075 77
0.35	3.096 791 888	0.066 452 991	2 964.977 572	104 333.016 7

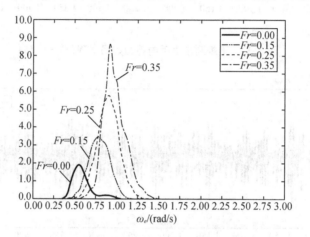

图6.39　垂荡运动响应谱

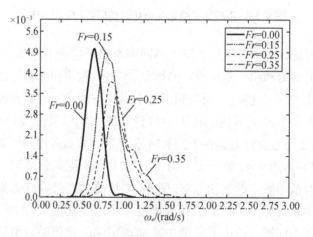

图6.40　纵摇运动响应谱

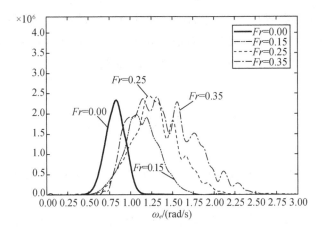

图 6.41　垂向剪力响应谱

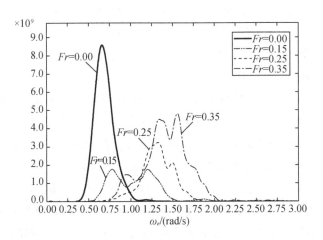

图 6.42　垂向弯矩响应谱

由表 6.3 和图 6.39 可知,随着船舶航行速度的增加,垂荡运动响应谱的谱面积明显增大,即垂荡运动响应的有义值明显增大。由表 6.3 和图 6.40 可知,随着船舶航行速度的增加,纵摇运动响应谱的谱面积先增大后减小,即随着航行速度的增加,纵摇运动响应的有义值先增大后减小,但是各个航速下纵摇运动响应的有义值差别并不十分明显。由表 6.3 和图 6.41 可知,随着船舶航行速度的增加,船中垂向剪力响应谱的谱面积明显增加,即船中垂向剪力响应的有义值明显增大。由表 6.3 和图 6.42 可知,当航速不为零时,随着船舶航行速度的增加,船中垂向弯矩响应谱的谱面积逐渐增大,即随着航行速度的增加,船中垂向弯矩响应的有义值逐渐增大。

通过对比不同顶浪航行速度下一号设计方案的运动和载荷响应谱以及有

义值可知,不同航行速度下,船舶的运动和载荷响应谱及有义值差别明显,故有必要采用本章所开发的波浪载荷数值仿真程序对中高速排水型船舶进行运动和载荷响应的评估,以准确合理地考虑船舶航速效应。

6.7 本章小结

本章对时域自由面 Green 函数法、时域 Rankine 源法、时域 Rankine – Green 混合源法各自的特点和适用范围进行了分析,最终采用时域 Rankine – Green 混合源法作为基础,进行了水动力数值仿真程序的开发。此外,在已知船体的运动和加速度前提下,推导了以船舶质量点分布为基础的船体剖面载荷计算表达式。为了模拟船舶在不规则波中航行时的运动和载荷响应,推导了基于能量等分法的不规则波生成策略。基于以上内容,开发了以时域 Rankine – Green 混合源法为基础的数值计算机仿真程序,从而为中高速排水型船舶设计中的运动和载荷响应评估提供了重要的技术支撑。

通过对不同航速下 DTMB5512 型船舶在波浪中航行时的运动响应数值模拟,表明了所开发的数值仿真程序具有令人满意的工程计算精度,能够初步用于中高速排水型船舶的运动和载荷响应评估,且数值计算结果和模型试验测量值均表明,随着船舶航行速度的增加,船舶的运动响应最大值明显增大;通过对一艘高速排水型水面舰船的一号设计方案在规则波中的运动和载荷响应数值模拟表明,随着航速的增加,船舶的运动和载荷响应最大值均明显增加,因此有必要采用能够准确合理地考虑航速效应的数值算法对中高速排水型船舶进行运动和载荷响应评估;通过不规则波目标谱与计算谱之间的对比,验证了基于能量等分法的不规则波生成策略的可靠性;进一步利用所开发的数值仿真程序对一艘高速排水型水面舰船的一号设计方案,在不规则波中的运动和载荷响应进行了数值模拟,通过对比不同顶浪航行速度下一号设计方案的运动和载荷响应谱及有义值,可知不同航行速度下船舶的运动和载荷响应谱及有义值差别十分明显,故有必要采用本章所开发的波浪载荷数值仿真程序对中高速排水型船舶进行不规则波中的运动和载荷响应评估。

结　　论

中高速排水型船舶的运动和载荷响应数值分析方法是进行中高速排水型船舶安全性评估的重要理论基础和核心研究内容。为准确合理地模拟中高速排水型船舶的运动和载荷响应,本书对波浪和航行船舶的相互作用机理、水动力网格的自动生成算法以及基于三维时域势流理论的扰动速度势求解方法等进行了研究,并对三种不同的时域数值分析方法进行了一定程度的改进和完善。通过对比分析三种时域计算方法的特点和适用性,最终以时域混合源法为基础,开发了一套能够初步用于中高速排水型船舶波浪载荷数值分析的程序,从而为我国在中高速排水型船舶设计中的运动和载荷响应评估提供了重要技术支撑。

本书研究工作取得的主要创新性研究成果概况如下:

(1)针对利用边界元法求解波浪中航行船舶的波浪载荷问题,综合应用B-spline样条函数和有限插值算法实现了浮体湿表面及矩形贴体自由面网格的自动划分,并通过引入网格比例增长因子和最大比例增长因子,实现了矩形自由面网格数目及疏密分布的参数化控制;综合应用B-slpine样条函数和求解Possion微分方程算法实现了浮体湿表面及Oval形贴体自由面网格的自动划分,并通过泊松方程右端项的合理设置,实现了Oval形自由面网格数目及疏密分布的参数化控制。

(2)针对利用时域自由面Green函数法求解航行船舶波浪载荷问题,在大地坐标系下建立了流体速度势所满足的边界积分方程,为实现伯努利方程中速度势时间偏导数的准确求解,引入了流体加速度势,并根据相关推导证明可以采用和求解速度势相一致的边界积分方程来进行加速度势的求解;通过采用改进精细时程积分算法,并进一步引入基于九节点形函数的制表插值策略,实现了Green函数波动项的快速计算;通过采用八节点二次高阶曲面元进行边界积分方程的离散求解,实现了速度势及加速度势的混合分布模型求解,与传统的源分布模型相比,计算效率及几何收敛性均得到了一定程度的提高。

(3)针对利用Rankine源法求解航行船舶的波浪载荷问题,在随船平动坐标系下建立了以Rankine源为积分核的边界积分方程,通过采用双方向导数实现了自由面上速度势及波面升高空间偏导数的稳定求解,并通过分别求解自由面动力学和运动学边界条件,实现了自由面上波面升高和速度势的实时更新;针对利用 Rankine 源法自由面上杂波的产生机理进行了适当分析,并最终通过三点滤波法则实现了杂波的有效滤除;通过引入频率趋于无穷的船体附加质量系数,成功分离了船体运动方程右端的浮体加速度项,为运动方程的稳定步进求解提供了前提基础。

(4)针对利用 Rankine – Green 混合源法求解船舶波浪载荷问题,在内部流体域应用 Rankine 源作为积分核构建速度势的边界积分方程,从而适用于外飘型船舶运动和载荷响应的求解,在外部流体域应用时域自由面 Green 函数作为积分核,从而对船体几何形状不同,但是控制面形状相同的情况仅需进行自由面 Green 函数的一次求解,提高了计算效率;通过采用积分形式的自由表面条件,提高了内部流体域自由面条件时间步进的稳定性,并进一步通过引入 B – spline 样条函数插值求导算法,保证了所开发的数值计算机程序能够胜任艏艉处水线形状变化较大的船舶运动和载荷响应模拟;通过采用八节点二次高阶曲面元进行边界积分方程的离散求解,保证了不同边界交界处速度势的连续性,比如自由面和物面的交界边、自由面和控制面的交界边等。

本书研究工作取得的主要结论概况如下:

(1)通过对浮体湿表面网格及贴体自由面网格的生成方法研究,可得出如下结论:

①B – spline 样条函数能够很好地描述船体几何形状,基于该函数的网格划分程序能够通过参数直接控制船体网格在横向和纵向的划分密度。

②通过泊松微分方程非齐次项的引入,可以方便地控制 Oval 形贴体自由面网格沿自由面径向的分布密度。

③通过比例增长因子和最大比例因子的引入,可以灵活地控制基于有限插值算法的矩形贴体自由面网格密度分布。

(2)通过对基于时域自由面 Green 函数的计算方法研究,可以得出如下结论:

①通过 Green 函数波动项及其空间偏导数的形函数制表插值计算结果和改进精细时程积分计算结果的对比,说明了制表插值算法的有效性和高效性。

②通过基于加速度势求解的波浪力数值结果和解析值以及试验测量值的对比,表明了所提出的加速度势求解方法是准确的、有效的。

③通过对在静水中航行船舶兴波阻力系数的模拟,表明了二次高阶曲面元数值离散技术可以很好地描述船体水线积分项,能够满足工程计算精度的要

求。

④通过对在波浪中航行船舶的运动响应数值解与模型试验测量值的对比，表明了所开发的计算机程序能够初步用于直壁型船舶的运动和载荷响应数值模拟。

（3）通过对基于时域 Rankine 源的计算方法研究，可以得出如下结论：

①采用四阶精度的龙格库塔方法能够实现自由面边界条件的稳定步进求解，采用双方向导数求导法则可以很好地计算速度势以及波面升高的一阶空间偏导数，采用三点滤波技术能够有效消除自由面上的杂波；

②通过引入频率趋于无穷的附加质量，能够有效提高船体运动方程的求解稳定性；

③通过对在波浪中航行船舶的运动响应模拟，表明了所开发的基于 Rankine 源的计算机程序能够有效地用于船舶兴波阻力系数以及外飘型船舶非定常运动响应的数值模拟。

（4）通过对基于 Rankine – Green 混合源的计算方法研究，可以得出如下结论：

①通过采用积分形式的自由表面边界条件，虽然不能同时给出兴波波面升高，但是可以实现自由面边界条件的稳定步进求解，且不需要进行滤波处理；

②基于 B – spline 样条函数的插值求导算法，针对自由面上的速度势进行一阶和二阶空间偏导数的计算能够给出令人满意的精度；

③通过对在波浪中航行船舶的运动响应模拟，表明了所开发的基于 Rankine – Green 混合源的计算机程序能够有效地用于直壁型船舶和外飘型船舶非定常运动响应的数值模拟。

（5）通过对时域自由面 Green 函数法、时域 Rankine 源法、时域 Rankine – Green 混合源法各自的特点和适用范围的比较分析，最终以时域 Rankine – Green 混合源法为基础，进行了水动力数值仿真程序的开发。在已知船体运动和加速度的前提下，推导了以船舶质量点分布为基础的船体剖面载荷计算表达式。为了模拟船舶在不规则波中航行时的运动和载荷响应，推导了基于能量等分法的不规则波生成策略。通过对 DTMB5512 型船舶和某高速排水型船舶一号设计方案的计算，可以得出如下结论：

①通过对不同航速下 DTMB5512 型船舶在波浪中航行时的运动响应数值模拟，表明了所开发的数值仿真程序具有令人满意的工程计算精度，能够初步用于中高速排水型船舶的运动和载荷响应评估；

②利用数值仿真程序对高速排水型舰船的一号设计方案在规则波中的运

动和载荷响应进行了数值模拟,计算结果表明随着航速的增加,船舶的运动和载荷响应最大值均明显增加,因此需要采用能够准确合理考虑航速效应的数值算法,对中高速排水型船舶进行运动和载荷响应评估;

③通过不规则波目标谱与计算谱之间的对比,验证了基于能量等分法不规则波生成策略的可靠性;

④进一步利用所开发的数值仿真程序对高速排水型舰船的一号设计方案在不规则波中的运动和载荷响应进行了数值模拟,通过对比运动和载荷响应谱及有义值可知,不同航行速度下船舶的运动和载荷响应谱及有义值差别明显,故有必要采用本书所开发的波浪载荷数值仿真程序对中高速排水型船舶进行不规则波中的运动和载荷响应评估。

本书的研究工作具有较高的理论意义及工程实用价值,且课题具有广泛的延展性,通过适当拓展可以解决更多工程问题,如:

(1)文中关于船体网格以及贴体自由面网格自动划分的算法,在理论上能够适用于任意复杂浮体的湿表面以及贴体自由面网格的划分,因此可以进一步开展相应的研究工作,以对形状复杂的海洋浮式结构物进行浮体湿表面及贴体自由面的网格划分,比如双体船、三体船、海洋平台等。

(2)文中关于以自由面 Green 函数为积分核的算法,由于引入加速度势避免了扰动速度势的时间差分求解,故理论上能够很好地适用于直壁型船舶物面非线性的模拟,故可以开展进一步的研究工作,以对波浪中大幅运动的船舶进行物面非线性的数值模拟,比如 FPSO、FDPSO 等。

(3)文中关于以 Rankine 源为积分核的算法,在理论上能够用于波浪中海洋浮式结构物的完全非线性数值模拟,且可以采用一些边界元加速算法以提高边界元的计算速度,比如快速多极子算法、预处理快速傅里叶变换算法等,故可以开展进一步的研究工作,以对一些超大型海洋浮式结构物进行完全非线性波浪载荷数值模拟。

(4)文中关于基于二次高阶曲面元离散的时域 Rankine - Green 混合源法,在理论上不仅适用于求解波浪中航行船舶的线性运动和载荷响应问题,同时也适用于求解物面非线性、局部自由面完全非线性问题,因此可以进一步开展相应的研究工作,以便进行船舶在极限海况下的运动和载荷响应数值模拟。

参 考 文 献

[1]　伊绍琳. 船舶阻力 [M]. 北京：国防工业出版社，1985.

[2]　BARTH T J. Aspects of unstructured grids and finite – volume solvers for the Euler and Navier – Stokes equations [C]. Proceedings of the In AGARD, Special Course on Unstructured Grid Methods for Advection Dominated Flows, 1992.

[3]　BASSI F, REBAY S. A high – order accurate discontinuous finite element method for the numerical solution of the compressible Navier – Stokes equations [J]. Journal of Computational Physics, 1997, 131（2）：267 – 279.

[4]　MULLER M, CHARYPAR D, GROSS M. Particle – based fluid simulation for interactive applications [C]. Proceedings of the 2003 ACM SIGGRAPH/Eurographics Symposium on Computer Animation, Eurographics Association, 2003.

[5]　NEWMAN J N. Marine hydrodynamics [M]. MA：MIT press, 1977.

[6]　吴望一. 流体力学：上册 [M]. 北京：北京大学出版社，2004.

[7]　DAI Y, DUAN W. Potential flow theory of ship motions in waves [M]. 北京：国防工业出版社，2008.

[8]　刘应中，缪国平. 船舶在波浪上的运动理论 [M]. 上海：上海交通大学出版社，1987.

[9]　黄德波. 水波理论基础 [M]. 哈尔滨：哈尔滨船舶工程学院出版社，1992.

[10]　李家春，周显初. 数学物理中的渐近方法 [M]. 北京：科学出版社，1998.

[11]　吴崇试. 数学物理方法 [M]. 北京：北京大学出版社，1999.

[12]　MUNK M M. Aerodynamics of airships [J]. Aerodynamic Theory, 1936, 7（1）：32 – 48.

[13]　JOOSEN W. Slender – Body theory for an oscillating ship at forward speed [C]. Proceedings of the 5th Symposium on Naval Hydrodynamics, 1964.

［14］ OGILVIE T F, TUCK E O. A rational strip theory of ship motions: part I ［D］. MI: University of Michigan, 1969.

［15］ NEWMAN J N. The theory of ship motions ［M］. New York: Academic Press, 1978.

［16］ FONSECA N, GUEDES S C. Time – domain analysis of large – amplitude vertical ship motions and wave loads ［J］. Journal of Ship Research, 1998, 42 (2): 139 – 153.

［17］ WU M, MOAN T. Efficient calculation of wave – induced ship responses considering structural dynamic effects ［J］. Applied Ocean Research, 2005, 27 (2): 81 – 96.

［18］ WU M, MOAN T. Statistical analysis of wave – induced extreme nonlinear load effects using time – domain simulations ［J］. Applied Ocean Research, 2006, 28 (6): 386 – 397.

［19］ 刘应中, 缪国平. 二维物体上的二阶波浪力 ［J］. 中国造船, 1985 (03): 3 – 16.

［20］ 缪国平, 刘应中. 切片理论应用于双体船运动计算时的伪共振问题 ［J］. 中国造船, 1997 (02): 32 – 38.

［21］ 宋竞正, 任慧龙. 船体非线性波浪载荷的水弹性分析 ［J］. 中国造船, 1995 (2): 22 – 31.

［22］ 马山, 宋竞正, 段文洋. 二维半理论和切片法的数值比较研究 ［J］. 船舶力学, 2004, 8 (1): 35 – 43.

［23］ 马山. 高速船舶运动与波浪载荷计算的二维半理论研究 ［D］. 哈尔滨: 哈尔滨工程大学, 2005.

［24］ ZHANG X, BANDYK P, BECK R F. Time – domain simulations of radiation and diffraction forces ［J］. Journal of Ship Research, 2010, 54 (2): 79 – 94.

［25］ GADD G. A method of computing the flow and surface wave pattern around full forms ［M］. Newcastle: National Maritime Inst., 1976.

［26］ DAWSON C. A practical computer method for solving ship – wave problems ［C］. Proceedings of Second International Conference on Numerical Ship Hydrodynamics, 1977.

［27］ CHANG M S. Computations of three – dimensional ship motions with forward speed ［C］. Proceedings of the 2nd Int Conf on Numerical Ship Hydrodynamics, University of California Berkeley, CA, 1977.

[28] XIA F. Numerical calculations of ship flows with special emphasis on the free surface potential flow [M]. Div : Hydrodyn, 1986.

[29] LARSSON L. Numerical predictions of the flow and resistance components of sailing yachts [C]. Conference on Yachting Technology, Institution of Engineers, Australia, 1987: 26.

[30] BOPPE C W, ROSEN B S, LAIOSA J P, et al. Computational flow simulations for hydrodynamic design [C]. Proceedings of the Eighth Chesapeake Sailing Yacht Symposium, 1987.

[31] BERTRAM V. A Rankine source approach to forward speed diffraction problems [J]. Wave Resistance, 1990 (2): 10 – 12.

[32] NAKOS D, SCLAVOUNOS P. Ship motions by a three – dimensional Rankine panel method [J]. Naval Hydrodynamics, 1991 (5): 24 – 28.

[33] RAVEN H C. A solution method for the nonlinear wave resistance problem [D]. TU Delft: Delft University of Technology, 1996.

[34] DAS S, CHEUNG K F. Scattered waves and motions of marine vessels advancing in a seaway [J]. Wave Motion, 2012, 49 (1): 181 – 197.

[35] DAS S, CHEUNG K F. Hydroelasticity of marine vessels advancing in a seaway [J]. Fluid Struct, 2012 (34): 271 – 290.

[36] YUAN Z M, INCECIK A, JIA L. A new radiation condition for ships travelling with very low forward speed [J]. Ocean Engineering, 2014, 88 (5): 298 – 309.

[37] YUAN Z M, INCECIK A, ALEXANDER D. Verification of a new radiation condition for two ships advancing in waves [J]. Applied Ocean Research, 2014 (48): 186 – 201.

[38] VERITAS B. Hydrostar for experts user manual [M]. Paris: Bureau Veritas, 2010.

[39] LEE C H. WAMIT theory manual [D]. MA: Massachusetts Institute of Technology, 1995.

[40] 张海彬. FPSO 储油轮与半潜式平台波浪载荷三维计算方法研究 [D]. 哈尔滨: 哈尔滨工程大学, 2004.

[41] INGLIS R, PRICE W. A three dimensional ship motion theory: calculation of wave loading and responses with forward speed [J]. Trans RINA, 1982

(124): 183 – 192.

[42] GUEVEL P, BOUGIS J. Ship motions with forward speed in infinite depth [J]. International Ship Building Progress, 1982, 29 (332): 103 – 117.

[43] WU G, TAYLOR R E. A Green's function form for ship motions at forward speed [J]. International Ship Building Progress, 1987, 34 (398): 189 – 196.

[44] CHEN X, DIEBOLD L, DOUTRELEAU Y. New Green – function method to predict wave – induced ship motions and loads [C]. Proceedings of the Twenty – Third Symposium on Naval Hydrodynamics, 2001.

[45] MAURY C, DELHOMMEAU G, BOIN J, et al. Comparison between numerical computations and experiments for seakeeping on ship models with forward speed [J]. Journal of Ship Research, 2003, 47 (4): 347 – 364.

[46] XU Y. Numerical study on wave loads and motions of two ships advancing in waves by using three – dimensional translating – pulsating source [J]. Acta Mechanica Sinica, 2013, 29 (4): 494 – 502.

[47] 戴仰山, 沈进威, 宋竞正. 船舶波浪载荷 [M]. 北京: 国防工业出版社, 2007.

[48] FINKELSTEIN A B. The initial value problem for transient water waves [J]. Communications on Pure and Applied Mathematics, 1957, 10 (4): 511 – 522.

[49] WEHAUSEN J V, LAITONE E V. Surface waves [J]. Encyclopaedia of Physics, 1960 (6): 446 – 778.

[50] NEWMAN J. The approximation of free – surface Green functions [J]. Wave Asymptotics, 1992 (5): 107 – 135.

[51] KING B. Time – domain analysis of wave exciting forces on ships and bodies [D]. MI: The University of Michigan, 1987.

[52] BECK R, LIAPIS S. Transient motions of floating bodies at zero forward speed [J]. Journal of Ship Research, 1987, 31 (3): 164 – 176.

[53] BECK R F, KING B. Time – domain analysis of wave exciting forces on floating bodies at zero forward speed [J]. Applied Ocean Research, 1989, 11 (1): 19 – 25.

[54] NEWMAN J. Algorithms for the free – surface Green function [J]. Journal of Engineering Mathematics, 1985, 19 (1): 57 – 67.

[55] LIN W M, YUE D. Numerical solutions for large – amplitude ship motions in the time domain [J]. Naval Hydrodynamics, 1991 (1): 41 – 46.

[56] HUANG D. Approximation of time – domain free surface Green function and its spatial derivatives [J]. Ship Building of China, 1992, 1 (4): 16 – 25.

[57] CLEMENT A H. An ordinary differential equation for the Green function of time – domain free – surface hydrodynamics [J]. Journal of Engineering Mathematics, 1998, 33 (2): 201 – 217.

[58] CLEMENT A. Recent developments of computational time – domain hydro-dynamics based on a differential approach of the green function [C]. Proceedings of the Recent computational developments in steady and unsteady naval hydrodynamics Colloquium, 1998.

[59] DUAN W, DAI Y. New derivation of ordinary differential equations for transient free – surface Green functions [J]. China Ocean Engineering, 2001, 15 (4): 499 – 508.

[60] SHEN L, ZHU R C, MIAO G P, et al. A practical numerical method for deep water time – domain Green function [J]. Journal of Hydrodynamics, 2007, 22 (3): 380 – 386.

[61] CHUANG J, QIU W, PENG H. On the evaluation of time – domain Green function [J]. Ocean Engineering, 2007, 34 (7): 962 – 969.

[62] LI Z F, REN H L, TONG X W, et al. A precise computation method of transient free surface Green function [J]. Ocean Engineering, 2015 (105): 318 – 326.

[63] LIAPIS S. Time – domain analysis of ship motion [D]. MI: The University of Michigan, 1986.

[64] BINGHAM H B. Simulating ship motions in the time domain [D]. MA: Massachusetts Institute of Technology, 1994.

[65] FARSTAD T H. Transient seakeeping analysis using generalized modes [D]. MA: Massachusetts Institute of Technology, 1997.

[66] KARA F. Time domain hydrodynamic & hydroelastic analysis of floating bodies with forward speed [D]. ST: University of Strathclyde, 2000.

[67] 朱海荣. 船舶与海洋结构物运动的三维时域方法及应用 [D]. 上海: 上海交通大学, 2009.

［68］ KAI T, ZHU R C, MIAO G P, et al. Retard function and ship motions with forward speed in time – domain ［J］. Journal of Hydrodynamics, 2014, 26 (5)：689 –696.

［69］ LIU C F, TENG B, GOU Y, et al. A 3D time – domain method for predicting the wave – induced forces and motions of a floating body ［J］. Ocean Engineering, 2011, 38 (17 –18)：2142 –2150.

［70］ 刘昌凤. 波浪作用下三维物体大振幅运动问题的时域数值研究 ［D］. 大连：大连理工大学, 2013.

［71］ LIN W M, YUE D. Numerical solutions for large – amplitude ship motions in the time domain ［C］. Proceedings of the Eighteenth Symposium on Naval Hydrodynamics, Washington, D C, 1991.

［72］ SEN D. Time – domain computation of large amplitude 3D ship motions with forward speed ［J］. Ocean Engineering, 2002, 29 (8)：973 –1002.

［73］ DATTA R, SEN D. A B – spline solver for the forward – speed diffraction problem of a floating body in the time domain ［J］. Applied Ocean Research, 2006, 28 (2)：147 –160.

［74］ DATTA R, RODRIGUES J M, SOARES C G. Study of the motions of fishing vessels by a time domain panel method ［J］. Ocean Engineering, 2011, 38 (5/6)：782 –792.

［75］ KUKKANEN T, MATUSIAK J. Nonlinear hull girder loads of a RoPax ship ［J］. Ocean Engineering, 2014, 75 (1)：1 –14.

［76］ KRING D C. Time domain ship motions by a three – dimensional Rankine panel method ［D］. MA：Massachusetts Institute of Technology, 1994.

［77］ HUANG Y. Nonlinear ship motions by a Rankine panel method ［D］. MA：Massachusetts Institute of Technology, 1997.

［78］ BUNNIK T H J. Seakeeping calculations for ships, taking into account the non – linear steady waves ［D］. TU：Delft University of Technology, 1999.

［79］ KIM Y, KIM K H, KIM J H, et al. Time – domain analysis of nonlinear motion responses and structural loads on ships and offshore structures：development of WISH programs ［J］. International Journal of Naval Architecture and Ocean Engineering, 2011, 3 (1)：37 –52.

［80］ HE G, KASHIWAGI M. A time – domain higher – order boundary element

method for 3D forward – speed radiation and diffraction problems [J].
Journal of Marine Science and Technology, 2014, 19 (2): 228 – 244.

[81] SHAO Y L. Numerical potential – flow studies on weakly – nonlinear wave
– body interactions with/without small forward speeds [D]. South – Tron-
delag : Norwegian University of Science and Technology, 2010.

[82] 陈京普. 船舶兴波与浮体运动的非线性现象研究 [D]. 北京：中国舰
船研究院, 2011.

[83] KIM Y, KRING D C, SCLAVOUNOS P D. Linear and nonlinear interac-
tions of surface waves with bodies by a three – dimensional Rankine panel
method [J]. Applied Ocean Research, 1997, 19 (5 – 6): 235 – 249.

[84] ISAACSON M, CHEUNG K F. Second order wave diffraction around two –
dimensional bodies by time – domain method [J]. Applied Ocean Re-
search, 1991, 13 (4): 175 – 186.

[85] Brandini C, Grilli S. Modeling of Freak Wave Generation in a 3D – NWT
[C]. International Offshore and Polar Engineering Conference, 2001.

[86] ISRAELI M, ORSZAG S A. Approximation of radiation boundary condi-
tions [J]. Journal of Computational Physics, 1981, 41 (1): 115 – 135.

[87] CAO Y, BECK R F, SCHULTZ W W. An absorbing beach for numerical
simulations of nonlinear waves in a wave tank [C]. Proceedings of the In-
ternational Workshop Water Waves and Floating Bodies, 1993.

[88] BOO S. Linear and nonlinear irregular waves and forces in a numerical
wave tank [J]. Ocean Engineering, 2002, 29 (5): 475 – 493.

[89] CLEMENT A, DOMGIN J. Wave absorption in a 2D numerical wave basin
by coupling two methods [C]. Proceedings of the Intl Workshop of Water
Waves and Floating Bodies, 1995.

[90] KIM Y. Artificial damping in water wave problems II : application to wave
absorption [J]. International Journal of Offshore and Polar Engineering,
2003, 13 (2): 94 – 98.

[91] LIAO Z P. Extrapolation non – reflecting boundary conditions [J]. Wave
Motion, 1996, 24 (2): 117 – 138.

[92] XU G, DUAN W. Time domain simulation of irregular wave diffraction;
proceedings of the [C]. Proceedings of the 8th International Conference on
Hydrodynamics Nantes, France, 2008.

[93] XU G, Duan W. Time – domain simulation for water wave radiation by floating structures (Part A) [J]. Journal of Marine Science and Application, 2008 (7): 226 – 235.

[94] ZHANG W D T. Non – reflecting simulation for fully – nonlinear irregular wave radiation [C]. Proceedings of the International Workshop of Water Waves and Floating Bodies, 2009.

[95] ZHANG C, DUAN W. Numerical study on a hybrid water wave radiation condition by a 3D boundary element method [J]. Wave Motion, 2012, 49 (5): 525 – 543.

[96] LIN W M, ZHANG S, WEEMS K, et al. A mixed source formulation for nonlinear ship – motion and wave – load simulations [C]. Proceedings of the 7th International Conference on Numerical Ship Hydro, 1999.

[97] WEEMS K, LIN W, ZHANG S, et al. Time Domain Prediction for Motions and Loads of Ships and Marine Structures in Large Seas Using a Mixed – Singularity Formulation [C]. Proceedings of the Fourth Osaka Colloquium on Seakeeping Performance of Ships, Osaka, Japan, 2000.

[98] KATAOKA S, IWASHITA H. Estimations of hydrodynamic forces acting on ships advancing in the calm water and waves by a time – domain hybrid method [J]. Journal of the Society of Naval Architects of Japan, 2004 (196): 123 – 138.

[99] LIU S K, PAPANIKOLAOU A D. Time – domain hybrid method for simulating large amplitude motions of ships advancing in waves [J]. International Journal of Naval Architecture and Ocean Engineering, 2011, 3 (1): 72 – 79.

[100] 童晓旺, 李辉, 任慧龙. 一种适用于船舶时域运动快速计算的混合方法 [J]. 船舶力学, 2013 (7): 756 – 762.

[101] WU G. Hydrodynamic forces on a submerged sphere undergoing large amplitude motion [J]. Journal of Ship Research, 1994, 38 (4): 272 – 277.

[102] WU G. Radiation and diffraction by a submerged sphere advancing in water waves of finite depth [C]. Proceedings of the Royal Society of London A: Mathematical, Physical and Engineering Sciences, 1995.

[103] HESS J L, SMITH A. Calculation of non – lifting potential flow about ar-

bitrary three – dimensional bodies [J]. DTIC Document, 1962 (5):
110 – 135.

[104] BOO S Y. Application of higher order boundary element method to steady
ship wave problem and time domain simulation of nonlinear gravity waves
[D]. Texas: Texas A & M University, 1993.

[105] MANIAR H D. A three dimensional higher order panel method based on B
– splines [D]. MA: Massachusetts Institute of Technology, 1995.

[106] LIU Y, KIM C, LU X. Comparison of higher – order boundary element
and constant panel methods for hydrodynamic loadings [J]. International
Journal of Offshore and Polar Engineering, 1991, 1 (1): 8 – 17.

[107] WU G, TAYLOR R E. The numerical solution of the motions of a ship ad-
vancing in waves [C]. Proceedings of the International Conference on
Numerical Ship Hydrodynamics, 1990.

[108] 刘日明. 基于 B 样条面元法的浮体二阶水动力计算 [D]. 哈尔滨:
哈尔滨工程大学, 2009.

[109] BARTELS R H, GOLUB G H. The simplex method of linear programming
using LU decomposition [J]. Communications of the ACM, 1969, 12
(5): 266 – 268.

[110] SAAD Y, SCHULTZ M H. GMRES: A generalized minimal residual algo-
rithm for solving nonsymmetric linear systems [J]. SIAM Journal on sci-
entific and statistical computing, 1986, 7 (3): 856 – 869.

[111] 宁德志. 快速多极子边界元方法在完全非线性水波问题中的应用
[D]. 大连: 大连理工大学, 2005.

[112] HOWISON S. Practical applied mathematics: modelling, analysis, ap-
proximation [M]. Cambridge : Cambridge university press, 2005.

[113] 梁昆淼, 刘法, 缪国庆. 数学物理方法 [M]. 北京: 电子工业出版
社, 1990.

[114] DIAS F, BRIDGES T J. The numerical computation of freely propagating
time – dependent irrotational water waves [J]. Fluid Dynamics Research,
2006, 38 (12): 803 – 830.

[115] 黄克智, 陆明万. 张量分析 [M]. 北京: 清华大学出版社, 2003.

[116] PIEGL L, TILLER W. The NURBS book [M]. Berlin: Springer Science
& Business Media, 2012.

[117] CHEN J P, ZHU D X. Numerical simulations of wave – induced ship motions in time domain by a Rankine panel method [J]. Journal of Hydrodynamics, 2010, 22 (3): 373 – 380.

[118] COMMITTEE I S. Report of the seakeeping committee [C]. Proceedings of the 17th international towing tank conference, 1984.

[119] MATUSIAK J. Introduction to ship wave making resistance [J]. Helsinki University of Technology, Ship Laboratory, 2001 (2): 227.

[120] JOURNEE J. Experiments and Calculations on 4 Wigley Hull Forms in Head Waves [J]. Delft University of Technology Report, 1992 (5): 221 – 235.

[121] COMMITTEE I S. Comparison of results obtained with compute programs to predict ship motions in six – degrees – of – freedom and associated responses [J]. Proc 15th ITTC, 1978 (2): 79 – 92.

[122] GREEN G, FERRERS N M. Mathematical papers of the late George Green [M]. Cambridge : Cambridge University Press, 2014.

[123] BECKER A A. The boundary element method in engineering: a complete course [M]. London: McGraw – Hill, 1992.

[124] WU G, EATOCK T R. Transient motion of a floating body in steep water waves [C]. Proceedings of the International Workshop on Water Waves and Floating Bodies, 1996.

[125] LI Z F, REN H L, TONG X W, et al. A precise computation method of transient free surface Green function [J]. Ocean Engineering, 2015 (105): 318 – 326.

[126] ZIENKIEWICZ O C, TAYLOR R L. The finite element method [M]. London: McGraw – hill, 1977.

[127] PRESS H, TEUKOLSKY A, VETTERLING T, et al. Numerical Recipes in C + +. The Art of Computer Programming [M]. Cambridge : Cambridge University Press, 2002.

[128] MANTIC V. A new formula for the C – matrix in the Somigliana identity [J]. Journal of Elasticity, 1993, 33 (3): 191 – 201.

[129] LI H B, HAN G M, MANG H A. A new method for evaluating singular integrals in stress analysis of solids by the direct boundary element method [J]. International Journal for Numerical Methods in Engineering, 1985,

21 (11): 2071 – 2098.

[130] GUIGGIANI M, GIGANTE A. A general algorithm for multidimensional Cauchy principal value integrals in the boundary element method [J]. Journal of Applied Mechanics, 1990, 57 (4): 906 – 915.

[131] HULME A. The wave forces acting on a floating hemisphere undergoing forced periodic oscillations [J]. Journal of Fluid Mechanics, 1982 (121): 443 – 463.

[132] BINGHAM H, KORSMEYER F, NEWMAN J. Prediction of the seakeeping characteristics of ships [C]. Proceedings of the 20th Symposium on Naval Hydrodynamics, Santa Barbara, CA, 1994.

[133] SUN L, TENG B, LIU C F. Removing irregular frequencies by a partial discontinuous higher order boundary element method [J]. Ocean Engineering, 2008, 35 (8): 920 – 930.

[134] FALTINSEN O. Sea loads on ships and offshore structures [M]. Cambridge: Cambridge university press, 1993.

[135] VWEHAUSEN J V. Effect of the initial acceleration upon the wave resistance of ship models [J]. DTIC Document, 1961 (5): 57 – 61.

[136] DAI Y, WU G. Time domain computation of large amplitude body motion with the mixed source formulation [C]. Proceedings of the Eighth International Conference on Hydrodynamics, Nantes, 2008.

[137] ROMATE J. Absorbing boundary conditions for free surface waves [J]. Journal of computational Physics, 1992, 99 (1): 135 – 145.

[138] LONGUET H M S, COKELET E. The deformation of steep surface waves on water. I. A numerical method of computation [C]. Proceedings of the Royal Society of London A: Mathematical, Physical and Engineering Sciences, The Royal Society, 1976.

[139] NAKOS D. Stability of transient gravity waves on a discrete free surface [J]. submitted for publication to JFM, 1993 (10): 223 – 229.

[140] BUCHMANN B. Time – domain Modelling of Run – up on Offshore Structures in Waves and Currents [M]. Denmark: Technical University of Denmark, 1999.

[141] PRINS H J. Time – domain calculations of drift forces and moments [D]. Delft: Delft University of Technology, 1995.

[142] CUMMINS W E. The impulse response function and ship motions [J]. Schiffstechnik, 1962 (9): 101 – 109.

[143] KIM K H, KIM Y. On technical issues in the analysis of nonlinear ship motion and structural loads in waves by a time – domain Rankine panel method [C]. Proceedings of the International Workshop on Water Waves & Floating Bodies, Jeju, Korea, 2008.

[144] FALTINSEN O M, MINSAAS K J, LIAPIS N, et al. Prediction of resistance and propulsion of a ship in a seaway [J]. Naval Hydrodynamics, 1980 (2): 44 – 57.

[145] CHEN X B. Middle – field formulation for the computation of wave – drift loads [J]. Journal of Engineering Mathematics, 2007, 59 (1): 61 – 82.

[146] LIU S K, PAPANIKOLAOU A, ZARAPHONITIS G. Prediction of added resistance of ships in waves [J]. Ocean Engineering, 2011, 38 (4): 641 – 650.

[147] KIM Y. Comparative study on linear and nonlinear ship motion and loads [C]. Proceedings of the ITTC Workshop on Seakeeping, 2010.

[148] HATAMI N, BAHADORINEJAD M. Experimental determination of natural convection heat transfer coefficient in a vertical flat – plate solar air heater [J]. Solar Energy, 2008, 82 (10): 903 – 910.

[149] WATANABE I, UENO M, SAWADA H. Effects of Bow Flare Shape to the Wave Loads of a container ship [J]. Journal of the Society of Naval Architects of Japan, 1989 (166): 259 – 266.

[150] 王建方. 线性自由面条件的数值模拟 [D]. 哈尔滨: 哈尔滨工程大学, 2003.

[151] IRVINE J M, LONGO J, STERN F. Pitch and heave tests and uncertainty assessment for a surface combatant in regular head waves [J]. Journal of Ship Research, 2008, 52 (2): 146 – 163.

[152] 李积德. 船舶耐波性 [M]. 哈尔滨: 哈尔滨工程大学出版社, 2007.